农产品安全生产技术丛书

南美白对虾
安全生产技术指南

文国樑　李卓佳　主编

U0239245

中国农业出版社

内容简介

　　本书以安全生产管理为主线，详尽介绍了南美白对虾的产地、特色与生物学基础，南美白对虾养殖业的发展与现状、养殖模式、对虾养殖质量安全管理，以及选址要求与设施建造、虾苗孵化、放养前准备、虾苗标粗、饲料安全与精准投喂、养殖水环境安全调控、养殖病害综合防控和养殖安全生产技术等。适合于广大对虾养殖从业者、大中专院校师生、水产科技工作者使用。

编写人员

主　　编	文国樑　李卓佳
编 著 者	文国樑　李卓佳
	冷加华　曹煜成
	张家松　杨　铿
	杨莺莺　陈永青

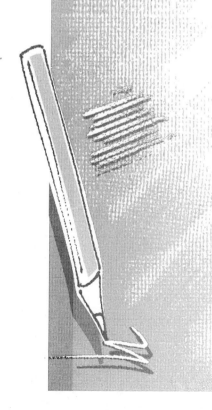

前　言

南美白对虾自 1998 年引入我国，由于具有抗病能力强、生长快和适应盐度广等特点，迅速遍及全国沿海省份，养殖规模不断扩大，养殖产量逐年增加。2010年，中国内地养殖对虾总产量 144.8 万吨，其中南美白对虾约 122.3 万吨，占养殖对虾总产量的 84.5%。南美白对虾已经成为我国对虾养殖的主要品种。

我国对虾养殖已进入新的发展阶段，尤其是加入WTO 后，面临着养殖安全与食品安全两方面的严峻挑战，养殖过程日益重视食品安全，国内外市场对水产品质量要求越来越高，质量安全是影响我国水产品出口的重要因素之一。因此，如何保证我国水产品的质量安全，生产出无公害产品成品对虾，建立适合于我国养殖水平的安全生产体系，是当前迫切需要解决的重要议题之一。发展南美白对虾安全生产，是当前增强养殖对虾竞争力的重要举措，是推动对虾产品优质生产的有效途径。

针对当前对虾养殖中存在的不符合健康养殖规范、严重威胁对虾养殖持续发展的问题，本书总结了近年来南美白对虾养殖成败的经验与教训，结合科研成果，提出了南美白对虾安全生产技术体系，其目的是帮助养殖业者掌握南美白对虾健康养殖的新技术，力求做到内容通俗易懂、实用和深入浅出。

　　本书以安全生产管理为主线，介绍了南美白对虾的产地、特色与生物学基础，南美白对虾养殖业的发展与现状、养殖模式、养殖质量安全管理，以及选址要求与设施建造、苗种生产、放苗前准备、虾苗标粗、饲料安全与精准投喂、养殖水环境安全调控、疾病及防控和安全生产技术等。本书可供广大对虾养殖从业者、大中专院校师生、水产科技工作者参阅。

　　由于编著者水平所限，书中的不妥之处和错漏在所难免，敬请各位专家和读者指正。

编著者

2012 年 1 月

目 录

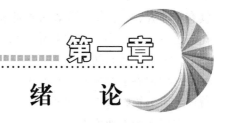

第一章

绪 论

第一节 南美白对虾的产地、特色与生物学基础

一、产地、特色与发展

南美白对虾学名为凡纳滨对虾（*Litopenaeus vannamei*），是广温广盐性热带虾类。俗称白肢虾、白对虾，以前翻译为万氏对虾，外形酷似中国明对虾、墨吉明对虾，平均寿命超过32个月。成体最长可达24厘米，甲壳较薄，正常体色为浅青灰色，全身不具斑纹。步足常呈白垩状，故有白肢虾之称（图1-1）。

图1-1 南美白对虾

南美白对虾原产于美洲太平洋沿岸水域，主要分布在秘鲁北部至墨西哥湾沿岸，以厄瓜多尔沿岸分布最为集中。南美白对虾

具有个体大、生长快、营养需求低和抗病力强，对水环境因子变化的适应能力较强，对饲料蛋白含量要求低、出肉率高达65%以上、离水存活时间长等优点，是集约化高产养殖的优良品种，也是目前世界上三大养殖对虾中单产最高的虾种。南美白对虾壳薄体肥，肉质鲜美，含肉率高，营养丰富。收成后其耐活力较差，所以大多是速冻上市。

1988年7月，南美白对虾由中国科学院海洋研究所从美国夏威夷引进我国，1992年8月人工繁殖获得初步成功，1994年通过人工育苗获得了小批量的虾苗。1999年，深圳天俊实业股份有限公司与美国三高海洋生物技术公司合作，引进美国SPF南美白对虾种虾和繁育技术，成功地培育出了SPF南美白对虾苗。2000年实现工厂化育苗生产，基本上满足了我国南方大面积生产所需用苗，养殖规模年年扩大，效益极为显著。

南美白对虾人工养殖生长速度快，60天即可达每千克60尾的上市规格；适盐范围广（0~40），可以采取纯淡化养殖和海水养殖等模式，从自然海区到淡化池塘均可生长，从而打破了地域限制，是"海虾淡养"的优质品种，使其养殖地域范围扩大；且耐高温，抗病力强，食性杂，对饲料蛋白要求低，35%即可达生长所需，现已成为我国对虾养殖产量第一位的品种，年产量占全国养殖对虾总产量的80%以上。

综观国际对虾养殖业和贸易市场，南美白对虾也是占了绝对的主导地位，如2007年世界对虾贸易量是222.9万吨，价值136.5亿美元，其中南美白对虾约占总量的80%~90%。可见，南美白对虾是渔业增产和农民增收的主要养殖品种之一。

二、外部形态和内部器官

（一）外部形态

南美白对虾外形与中国明对虾、墨吉明对虾酷似。成体最长可达 23 厘米，甲壳较薄，正常体色为浅青灰色，全身不具斑纹。步足常呈白垩状，故有白肢虾之称。

南美白对虾体长而左右略侧扁，体表包被一层略透明的具保护作用的几丁质甲壳，其体色也随环境而变化。体色变化是由体壁下面的色素细胞调节的，色素细胞扩大则体色变浓，反之则变浅。虾类的主要色素由胡萝卜素同蛋白质互相结合而构成，在与高温或与无机酸、酒精等相遇时，蛋白质沉淀而析出虾红素或虾青素。虾红素色红，溶点较高，为 238～240℃，故虾在沸水中煮熟后，色素细胞破坏，但虾红素不起变化，使得煮熟的虾呈红色。

南美白对虾身体分头胸部和腹部两部分，头胸部较短，腹部发达。头胸部由 5 个头节及 8 个胸节相互愈合而成，外被一整块坚硬的头胸甲；头胸甲前端中部有向前突出的上下具齿的额剑（额角），额角尖端的长度不超出第 1 触角柄的第 2 节，其齿式为 5～9/2～4。额剑两侧有 1 对能活动的眼柄，其上着生有许多小眼组成的 1 对复眼，故虾体不需活动即可观察到周围的情况。头胸甲较短，与腹部的比例约为 1:3；额角侧沟短，至胃上刺下方即消失；头胸甲具肝刺及鳃角刺，肝刺明显；第 1 触角具双鞭，内鞭较外鞭纤细，长度大致相等。口位于头胸部腹面。腹部由 7 个体节组成，外被甲壳，但各节间有膜质的关节，下腹部可自由屈伸。

南美白对虾 20 个体节除最后一节外，每一体节都生着 1 对附肢，附肢因着生位置与执行功能不同而有不同的形态。头部 5 对附肢。第 1 附肢（小触角）原肢节较长，端部又分内外触鞭，司嗅觉、平衡及身体前端触觉；第 2 附肢（大触角）外肢节发达，内肢节具一极细长的触鞭，主要司体两侧及身体后部的触觉；第 3 附肢（大颚）特别坚硬，边缘齿形，是咀嚼器官，可切碎食物；第 4 附肢（第 1 小颚）呈薄片状，是抱握食物以免失落的器官；第 5 附肢（第 2 小颚）外肢发达，可助扇动鳃腔水流，是帮助呼吸的器官。胸部8对附肢，包括3对颚足及5对步足。颚足基部具鳃的构造，助虾呼吸；步足末端呈钳状或爪状，为摄食及爬行器官。腹部分为7节。前5节较短，第6节最长，最后一节呈棱锥形，末端尖，称为尾节。尾节具中央沟，但不具缘侧刺，不着生附肢，故腹部共有6对附肢，为主要的游泳器官。第6附肢宽大，与尾节合称尾扇（图1-2）。

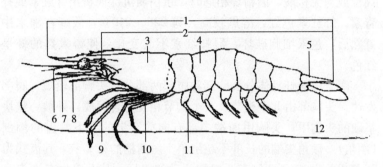

图1-2 对虾外部形态

1. 全长 2. 体长 3. 头胸部 4. 腹部 5. 尾节 6. 第1触角
7. 第2触角 8. 第3颚足 9. 第3步足（鳌状） 10. 第3步足（爪状）
11. 游泳足 12. 尾节

（二）内部器官

南美白对虾的内部构造，包括肌肉系统、呼吸系统、消化系统、排泄系统、生殖系统、神经系统和内分泌系统等，其中，大部分组织器官都集中于头胸部。

1. 肌肉系统 南美白对虾的肌肉为横纹肌，形成许多强有力的肌肉束，分布在头胸腹的内部。腹部的肌肉最发达，是主要的可食用部位。虾的腹缩肌强大有力，几乎占据整个腹部，其迅速收缩可使尾部快速向腹部弯曲，整个虾体迅速有力地向后弹跳，这是虾逃避敌害与猎捕食物等活动的主要动作。

2. 呼吸系统 鳃是南美白对虾的呼吸器官，位于头胸部。鳃有多个，根据着生位置不同，可分为胸鳃、关节鳃、足鳃和肢鳃4种。鳃内有丰富的血管网，当鳃与水相接触时，通过鳃丝与血管，吸收水中氧气，排出二氧化碳，然后通过循环系统将氧气输送到体内各种组织器官，供生命活动。

3. 消化系统 由口、食道、胃、中肠、直肠和肛门组成。口位于头部腹面，后连短管状的食道，然后接胃，胃具有磨碎食物的作用，胃后连着中肠，中肠末端为短而较粗的直肠，直肠末端为肛门，肛门开口于尾节腹面，中肠为消化吸收营养的主要部位。虾的肠管细长，贯穿虾的腹部背面，位于甲壳下方肌肉的上方（图1-3）。

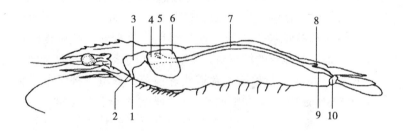

图1-3 对虾的消化系统

1. 口 2. 食道 3. 贲门胃 4. 幽门胃 5. 中肠前盲囊
6. 肝胰脏 7. 中肠 8. 中肠后盲囊 9. 直肠 10. 肛门

4. 循环系统 包括心脏、血管和许多血窦，心脏扁平囊状，位于胸部，从甲壳外即可看到其跳动。由心脏发出动脉，每条动脉又分出许多小血管，分布到虾体全身，最后到达各组织间的血窦。循环系统担负着输送养料与氧气、二氧化碳及代谢废物的作用（图1-4）。

5. 排泄系统 位于大触角基部的触觉腺，由1个囊状腺体、1个膀胱和1条排泄管组成，承担着排泄虾体废物的功能。

6. 生殖系统 南美白对虾雌雄异体。雌性生殖系统包括1

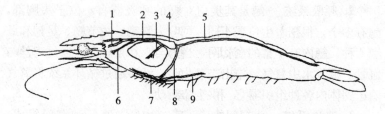

图1-4 对虾的循环系统

1. 眼动脉 2. 前侧动脉 3. 肝动脉 4. 心脏 5. 背腹动脉

6. 触角动脉 7. 胸下动脉 8. 胸动脉 9. 腹下动脉

（据山东海洋学院修改）

对卵巢、输卵管和纳精囊。卵巢位于躯体背部，左右两个卵巢对称，与输卵管相连；南美白对虾不具纳精囊，成熟个体原纳精囊位于第4和第5步足间，纳精囊的骨骼呈倒Ω状，属于开放性外生殖器；生殖孔位于第3步足基部。雄性生殖系统包括1对精囊、输精管和精荚囊。精巢位置与卵巢位置相同，其后连输精管，最后是1对球形的精荚囊，生殖孔开口于第5对步足基部。

7. 神经系统 包括脑、食道侧神经节、食道下神经节及纵贯全身的腹部神经索，司虾的感觉反射及指挥全身的运动。

8. 内分泌系统 可分泌各种激素，促进虾体生长、性腺成熟及协调全身的各种反应等。

三、生态习性

在自然海域里，南美白对虾栖息在泥质海底，近岸水深0～70米水域均有它的踪迹，栖息海域的常年水温维持在20℃以上。成虾多生活于离岸较近的沿岸水域，幼虾则喜欢在饵料生物丰富的河口地区觅食生长。南美白对虾白天一般都静伏在海底，傍晚后则活动频繁，大多在上半夜蜕皮，成虾洄游至水深70米处。

南美白对虾夜间活动频繁，在日照下显得不安宁，常缓游于水的中下层，游泳时，其步足自然弯曲，游泳足频频划动，两条细长的角鞭向后分别排列于身体两侧，转向、升降自如；当它静伏时步足支撑身体，游泳足舒张摆动，触须前后摆动，眼睛不时转动；当受惊时，则以腹部敏捷的屈伸向前连续爬行，或以尾扇向下拨水，在水面跳跃，稍有惊动马上逃避。

南美白对虾生长期间的主要环境因素如下：

1. 水温 南美白对虾在自然海区栖息的水温为 $25\sim32℃$，但是对水温突然变化的适应能力很强。由于南美白对虾系热带性虾类，所以对高温的变化适应能力要明显大于低温，人工养殖适应水温的范围在 $15\sim40℃$，最适水温为 $25\sim32℃$，对高温的热限可达 $43.5℃$（渐变幅度）。水温低于 $15℃$ 时，停止摄食；长时间处于水温 $12℃$ 的环境中，会出现昏迷危险状态；低于 $9℃$ 时死亡。个体越小，对水温变化的适应能力越弱。水温上升到 $41℃$ 时，个体小于 4 厘米的虾体，12 小时内全部死亡；个体大于 4 厘米的虾体，12 小时内仅部分死亡。水温变化越慢，对虾的适温能力幅度越广，反之越窄。

养殖和实验数据显示，1 克左右的南美白对虾幼虾在 $30℃$ 时生长速度最快，而 $12\sim18$ 克的大虾则在 $27℃$ 时生长最快。当水温长时间处于 $18℃$ 以下或 $33℃$ 以上时，虾体处于紧迫状态，抗病力下降，食欲减退或停止摄食，随时有致死的可能。从商业角度讲，养殖南美白对虾的最低温度应在 $23℃$ 以上。

2. 盐度 南美白对虾是广盐性的虾类，对盐度适应范围较广，这可能与它的移居习性有关。养殖最适生长盐度为 $10\sim20$，盐度适应限围在 $0.2\sim34$。在淡水也可养成，但必须经过逐渐变化，适应淡水的环境，所以南美白对虾在珠江口等咸淡水区生长相当快。在生长过程中盐度越低，生长越快，而且病毒病也较少见。

3. 底质 在自然海域中，南美白对虾喜栖息在泥沙质底。但在人工养殖的虾塘水域中，它不像其他对虾类那样挑剔底质，即使在一般的土质底或铺膜底也可适应，但最好以泥沙质为佳。

4. 食性 对虾在自然界应是偏向肉食性的动物，以小型甲壳类或贝类等生物为主食。由美国夏威夷实验室的研究结果表明，南美白对虾在完全清澈的实验室中，仅靠人工配合饲料供给的养殖环境的生长量，仅是室外人工养殖的50%。因为，室外养殖池的底质是壤土，水中富含藻类和微生物，所以，室外养殖池养殖南美白对虾生长速度比实验室快。

南美白对虾对营养要求并不高，在人工配合饲料中，蛋白质含量能达到25%～30%就已足够，这比其他对虾优越（表1-1）。在人工配合饲料中，蛋白质含量高，生长反而差，因为对虾对蛋白质的吸收有一定限度，超出一定范围，不但增加体内负担，没有吸收的部分随粪便排出，更容易污染池底，影响水环境。据研究，黄豆粉是饲养南美白对虾的适口性饲料成分，其用量可高达53%～75%。使用黄豆粉比例为53%和68%的饲料饲养南美白对虾，其体重增加的速度要比含量只有30%的更好。

表1-1 不同养殖对虾对饲料中蛋白质含量的要求

（王秀英等，2003）

对虾名称	饲料中蛋白质含量（%）
南美白对虾	25～30
蓝对虾	30～35
中国对虾	42.8～61.1
日本对虾	45～57
斑节对虾	36～50

相关研究表明，在养殖池中，南美白对虾的生长速度与投饵次数有关，投饵次数多，对虾生长快。一日多餐的投喂方式在生长速度方面，远比一日1～2餐的投喂方式要快15%～18%。投

饵时，白天投喂 25%～35%，夜间投喂 65%～75%，这种比例最为理想。

南美白对虾对饲料的固化效率较高，在正常生长情况下，摄食量约占其体重的 5%左右。但是在繁殖期间，特别是在卵巢发育中、后期，摄食量会明显增大，通常为正常生长时期的 3～5 倍。南美白对虾养殖中，可以充分利用植物性原料来代替价格比较昂贵的动物性原料，从而大幅度地节省饲料开支，节约养虾成本。

5. 酸碱度（pH） 海水的酸碱度是海水理化性质的一个综合指标，它的强弱通常用 pH 来表示。pH 越高，水体的碱性越大；pH 越低，则酸性就越大；当 pH 等于 7 时，水体则呈中性。

南美白对虾一般适于在弱碱性水中生活，pH 以 7.7～8.3 较为适合，其忍受程度在 7～9。低于 7 时就会出现个体生长不齐，而且活动即受到限制，主要是影响蜕皮生长。pH 在 5 以下（酸性太大的底质），养殖就相当困难了。pH 低于 7 的池塘要经常性调节水质，换水或投放石灰冲泡，将 pH 调节到对虾养殖的正常值才能使用。否则对养殖不利，对虾难以养成。

当虾塘中的二氧化碳含量发生变化时，pH 就会发生改变。虾塘内生物呼吸、有机物氧化过程和夜间藻类的生理作用均可放出二氧化碳，使 pH 下降，池水就向酸性转化，而白天藻类的光合作用消耗二氧化碳使 pH 上升，所以 pH 的变化实际上就是水中理化反应和生物活动的综合结果。pH 下降，就意味着水中二氧化碳增多，酸性变大，溶解氧含量降低，在这种情况下可能导致腐生细菌大量繁殖；反之，pH 过高，将会大幅度增加水中毒氨，给对虾养殖带来不利。一般养殖池水中 pH 白天偏碱性，夜间偏酸性。

6. 透明度 透明度反映了水体中浮游生物、泥沙和其他悬浮物质的数量，也是在养成期间需要控制的水质因素之一。其中，浮游微藻大量繁殖会导致透明度降低，池水过浓时透明度会降至20～30厘米。如果虾塘内存在大量丝状藻（如水草），这些水生植物会强烈地吸收水中养料，使水变瘦，透明度就会明显增大，有时可达1.5米以上，光照直射到塘底，一目了然，使南美白对虾处于不安的生活状态。

泥沙和悬浮物质同样会影响养殖水的透明度。养成早期的透明度可控制在40～60厘米，养成后期则应控制在20～40厘米为宜。

7. 溶解氧　虾塘中溶解氧含量不仅直接影响虾的生命活动，而且与水化学状态有关，是反映水质状况的一个重要指标。如果虾塘中对虾密度大，水色浓，透明度低，溶解氧变化亦大。白天藻类的光合作用，使溶解氧含量有时高达10毫克/升以上；而夜间则由于生物呼吸作用，使溶解氧大幅度下降，在黎明前有时降至1毫克/升左右，出现浮头甚至大量死亡。南美白对虾在粗养池塘溶解氧可在4毫克/升，一般不要低于2毫克/升。在高密度养殖池塘溶解氧要求较高，应保持在5毫克/升，不要低于3毫克/升。

南美白对虾不同体长的个体，对低氧的耐受程度稍有差异，个体愈大，耐低氧能力愈差。通常情况下，南美白对虾的缺氧窒息点大约在0.5～1.5毫克/升。当对虾蜕壳时，对溶解氧的要求更高，否则不能顺利蜕壳，甚至死亡。

8. 生长与蜕壳　对虾的生长发育经过受精卵、无节幼体、溞状幼体、糠虾幼体、仔虾、幼虾和成虾七个阶段。其中，仔虾后期以及幼虾属于养成阶段，其他阶段的生长发育均在育苗场进行（图1-5）。

虾类的生长速度与两大因素有关：一是蜕壳频率，即每次蜕壳的间隔时间；二是蜕壳增殖率，即每次蜕完壳后到下次蜕壳前所能增加的体重。对虾的寿命不过1～2年，其间需蜕壳约50次。对虾蜕壳虽然受体内的蜕皮激素调控，但是蜕壳过程同时与

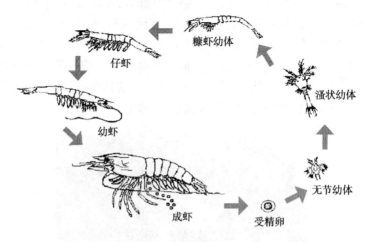

图 1-5 对虾生活史

体质、病菌、敌害乃至同类伺机侵袭及环境因子、营养都有密切关系，其中，以下三个因素的影响作用最为重要：

（1）水温　温度升高，可使对虾的新陈代谢加快，蜕皮频率也较高，引起蜕皮周期缩短。南美白对虾的幼苗阶段，水温28℃时，需 30～40 小时蜕壳 1 次。

（2）潮汐周期　南美白对虾的蜕壳与潮汐周期也有关系。大潮时（农历初一或十五前后 5 天），对虾会大量蜕壳。15 克以上的大虾，大潮时蜕壳的数量为总数量的 45％～73％。

（3）环境因子与营养　南美白对虾蜕壳的主要原因，与环境因子和营养摄取有关。就环境因子而言，低盐度及高水温会增加蜕壳的次数，而养殖环境的变化或化学药物的使用也会造成紧迫而刺激蜕壳。而营养供给是否均衡，亦关系到蜕壳顺畅与否。

对虾每一次蜕壳都是对生长的一大考验，最常发生的问题有两个：一是当蜕壳体弱时被其他对虾所食；二是蜕壳时氧气吸收率较低，若稍有不顺畅，则可能造成缺氧并发症而死亡。

　　对虾蜕壳多发生在夜间。临近蜕壳的对虾活动加剧，蜕壳时甲壳蓬松，腹部向胸部折叠，反复屈伸。随着身体的剧烈弹动，头胸甲向上翻起，身体屈曲自壳中蜕出，然后继续弹动身体，将尾部与附肢自旧壳中抽出，食道、胃以及后肠的表皮亦同时蜕下。刚蜕壳的虾只活动力弱，身体防御机能也差，有时会侧卧水底；幼体和仔虾蜕壳后，可正常游动（图1-6）。

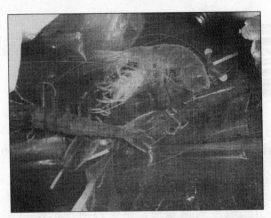

图1-6　因运输中水温升高而蜕壳的南美白对虾

　　南美白对虾的生长速度较快。在盐度20～40、水温30～32℃、投喂配合饲料、合适的养殖密度和良好的环境条件下，从虾苗开始养殖100天，平均每尾对虾的体重可以达到20克。对虾的生长还受到环境因素的影响，主要为温度、盐度、水质及密度等（表1-2）。

表1-2　环境因素影响对虾生长的情况

温度	适温范围内，生长随温度升高而加快
盐度	高盐度下生长减缓
水质	优良水质有利于生长，水质差生长减缓
密度	密度高则生长速度降低

对虾的生长测量包括线性测量和重量测量，常用测量方法见表1-3。

表1-3　对虾生长常用的测量方法

全长	额剑前端至尾节末端的长度
头胸甲长	眼窝后缘连线中央至头胸甲中线后缘的长度
体长	眼柄基部或额角基部眼眶缘至尾节末端长度
湿重	对虾的总湿重
尾重（商业用）	除去头胸部后腹部的重量

9. 自切与再生　虾蟹类动物遭遇天敌或相互争斗时，常常会自行脱落被困的附肢，进行逃逸；在附肢有机械损伤时，虾蟹亦会自行钳去残肢，或使其脱落，这种现象称之为自切。自切是虾蟹类动物的防御手段，是一种保护性适应。

自切后的附肢经过一段时间后可以重新长出，称为再生。在自切断残处新生的附肢由上皮形成，初时为细管状突起，逐渐长大，形成新的附肢。形成再生的小附肢，一般要经过2～3次蜕壳后就能恢复到原来的大小。再生的速度与程度和个体以及环境有关，未成熟的个体再生较快，成熟的个体再生速度减慢。

四、南美白对虾的繁殖习性

南美白对虾的繁殖期较长，怀卵亲虾在主要分布区周年可见，但不同分布区的亲虾，其繁殖时期并不完全一致。例如，厄瓜多尔北沿海的繁殖高峰期一般出现在4～9月，每年从3月开始，虾苗便在沿岸一带大量出现，延续时间可长达8个月左右，分布范围有时可延展到南部的圣帕勃罗湾，这一时期是当地虾苗捕捞的黄金季节。而南方的秘鲁中部一带沿海，繁殖高峰一般在12月至翌年4月。

南美白对虾属于开放型纳精囊类型，其繁殖特点与闭锁型纳精囊类型者有很大的差别。开放型纳精囊类型的产卵过程是先成熟再交配，而闭锁型纳精囊类型是先交配再成熟。所以，两种类型的虾交配和产卵形式略有差异。

开放型（如南美白对虾）：蜕壳（雌虾）→成熟→交配（受精）→产卵→孵化。

闭锁型（如中国对虾、斑节对虾）：蜕壳（雌虾）→交配→成熟→产卵（受精）→孵化。

开放型纳精囊类型的精荚容易脱落，育苗比较困难。

1. 交配 南美白对虾交配都在日落时，通常发生在雌虾产卵前几个小时或者十几个小时，多数在产卵前 2 小时之内。交配前的成熟雌虾并不需要蜕壳。在交配过程中，先出现求偶行为，雄虾靠近雌虾，并追逐雌虾，居身于雌虾下方作同步游泳。然后雄虾转身向上，雌雄虾个体腹面相对，头尾一致，但偶尔也见到头尾颠倒的。雄虾将雌虾抱住，释放精荚，并将它粘贴到雌虾第 3～5 对步足间的位置上。如果交配不成，雄虾会立即转身，并重复上述动作，直到交配成功。雄虾也可以追逐卵巢未成熟的雌虾，但是只有成熟雌虾才能接受交配行为。

新鲜精荚在海水中具有较强的黏性，因此，在交配过程中很容易将它们粘贴在雌虾身上。在养殖条件下，自然交配成功的概率仍然很低，原因尚不很清楚，有待进一步研究。

2. 产卵和怀卵量 南美白对虾成熟卵的颜色为红色，但产出的卵粒为豆绿色。头胸部卵巢的分叶呈簇状分布，仅头叶大而似弯指头，其后叶自心脏位置的前方出发，紧贴胃壁，向前侧方延伸。腹部的卵巢一般较小，宽带状，充分成熟时也不会向身体两侧下垂。体长 14 厘米左右的对虾，其怀卵量一般只有 10 万～15 万粒。

南美白对虾与其他对虾一样，卵巢产空后可再成熟。每两次产卵间隔的时间为 2～3 天，繁殖初期仅 50 个小时左右。产卵次数高者可达十几次，但连续 3～4 次产卵后要伴随 1 次蜕壳。

南美白对虾的产卵时间在 21：00～3：00，每次从产卵开始到卵巢排空为止的时间仅需 1～2 分钟。

南美白对虾雄性精荚也可以反复形成，但成熟期较长，从前一枚精荚排出到后一枚精荚完全成熟，一般需要 20 天。但摘除单侧眼柄后，精荚的发育速度会明显加快。

未交配的雌虾，只要卵巢已经成熟，就可以正常产卵，但所产卵粒不能孵化。

南美白对虾幼体发生与中国对虾相似，具有多幼体阶段的特点，从卵孵化出来后，要经过无节幼体（6 期）、溞状幼体（3 期）、糠虾幼体（3 期）和仔虾四个不同的发育阶段。每期蜕壳 1 次，需经 12 次蜕壳，历经约 12 天，发育成为仔虾。无节幼体共分为 6 期（N_1～N_6），每期蜕壳 1 次，可根据尾棘对数和刚毛的数目变化来鉴别。其特点是体不分节，只有 3 对附肢，尚无完整口器，不摄食，依靠自身的卵黄来维持生命活动，趋光性强。不到 2 天时间，无节幼体就变态到溞状幼体。溞状幼体分为 3 期（Z_1～Z_3），每天 1 期。进入溞状期之后，幼体体分节，具头胸甲，具完整口器和消化器官，开始摄食，趋光性强，附肢 7 对。经过 5～6 天的培育，溞状幼体变态发育成糠虾幼体。糠虾幼体亦分 3 期（M_1～M_3），躯体分节更加明显，腹部附肢刚开始发育，因而头重脚轻。主要特点是常在水底中层呈“倒立”状态，可在水中看见其倒游。经过 4～6 天，幼体从糠虾阶段发育到仔虾阶段，其构造基本与成虾相似。到仔虾阶段后，不是以蜕壳次数分期，而是以天数来分期，如仔虾第 4 期为 P_4。大约到 P_4～P_5 后，挑选个体粗壮、摄食好、无携带特异性病毒、无体表寄生物、畸形和损伤小于 5‰、平均体长达到 0.5 厘米和细菌不超标的虾苗进行调苗；待平均体长达到 0.8 厘米以上，就可出苗，放养到池塘。

第二节 南美白对虾养殖业的发展与现状

一、我国南美白对虾养殖业的发展历史

1988 年 7 月，南美白对虾由中国科学院海洋研究所从美国夏威夷引进我国，1992 年 8 月人工繁殖获得了初步的成功，1994 年通过人工育苗获得了小批量的虾苗。1996 年，广西北海市银海区水产发展总公司"南美白对虾引种繁养试验"通过了鉴定。1998 年广东、海南再次从美国引进该种，在华南地区迅速建立起人工强化培育和诱导自然交配产卵的繁育技术体系，并于2000 年实现全人工规模化繁育。2001 年，南方沿海地区如广西的北海、合浦、钦州、防城，广东的深圳、湛江，福建闽南等地区的南美白对虾育苗场如雨后春笋般出现。与此同时，随着过滤海水、净化海水等对虾集约化防病养殖技术在南方先后建立，并大规模推广应用于养殖生产，南美白对虾淡化养殖技术在内陆地区得到推广应用，全国范围内掀起了养殖南美白对虾的高潮（表1-4）。

表 1-4 2005—2010 年南美白对虾养殖产量

（摘自 2006—2011《中国渔业年鉴》） （单位：万吨）

年份	南美白对虾产量	海水养殖南美白对虾产量	淡化养殖南美白对虾产量
2005	84.84	40.76	44.08
2006	102.2	51.20	51.00
2007	106.57	50.99	55.58
2008	106.27	52.01	54.26
2009	111.81	58.08	53.73
2010	122.3	60.80	61.50

二、我国南美白对虾养殖业现状

(一) 取得的重大进展

经过多年发展,我国南美白对虾养殖取得重大的进展,已处于世界领先的地位。突出的进展有以下几个方面:

1. 养殖产量高 中国对虾养殖已经连续多年居世界第一位,2010 年中国内地南美白对虾养殖产量为 122.3 万吨,占世界养殖总量的 30％以上。

2. 养殖技术先进 近几年,华南地区以过滤海水、立体增氧、中央排污等为特点的对虾集约化养殖技术得到广泛应用,大大提高了单位面积的产量,有利于节约大量滩涂和土地资源。同时,在养殖过程中采用微生物调控技术、封闭或半封闭养殖方法,削减养殖自身污染以及对周边环境的污染,推动了对虾养殖业的可持续发展。

3. 养殖模式多样 为了适应不同地区的差异,建立了如高位池养殖、淡化养殖、冬棚养殖和多品种混合养殖等多种养殖模式。

4. 遗传育种和优质种苗培育技术逐步建立 目前,南美白对虾的 SPF 种苗和 SPR 种群及家系选育技术在国内逐步完善,部分产品已显示出良好的生长和繁殖性状,这将对南美白对虾养殖的发展起到关键作用。

(二) 存在的问题

我国南美白对虾养殖在取得长足进步的同时,还存在种苗质量参差不齐、虾病蔓延、滥用药物、养殖自身污染及环境资源浪费等质量安全问题。如果不及时调整,必然会影响产业的可持续发展。当前存在的主要问题有以下几个方面:

1. 亲虾与种苗质量参差不齐 因为南美白对虾是外来养殖

品种，目前我国所需南美白对虾亲虾依然依赖进口，随着我国南美白对虾养殖面积的增加，亲虾数量需求不断攀升，国外进口亲虾不断涨价，相关企业又不得不面对进口亲虾质量参差不齐、所产种苗质量下降等现实，亲虾的供应和质量已经成为当前制约我国南美白对虾产业发展的重要因素。同时，由于缺乏有效的监管和市场的恶性竞争，许多育苗场以牺牲质量为前提，大搞价格战，这不仅严重扰乱了种苗市场秩序，也使大量劣质虾苗充斥着整个市场。

2. 养殖生产标准化程度低　国内从事南美白对虾养殖的人员大部分文化水平低、观念意识落后，他们在养殖技术环节存在很多问题，如放养密度过高、使用饲料不科学和滥用药物等。

3. 养殖污染日益严重　多数地区的政府对南美白对虾的养殖缺乏科学、合理的规划，导致局部区域养殖密度过大、水质污染严重的问题出现。

4. 病害风险加大　近年来气候异常多变，而南美白对虾养殖又要经历梅雨和台风两个季节，造成疾病频发，5～6 月与 9～10 月为发病高峰期。再则，池塘经过数年养殖，病菌的交叉感染与内源污染进一步加剧，使南美白对虾发病、死亡率逐年上升，病害危害加大，尤其是对于南美白对虾的白斑病毒、桃拉病毒等病毒性的疾病，目前还没有特效的防治药物，一旦发病将很难控制，给养殖户带来巨大的经济损失，制约了南美白对虾养殖业的发展。

第三节　南美白对虾池塘养殖模式

一、滩涂土池养殖模式

滩涂土池养殖模式，指在滩涂上建设养殖池塘进行对虾养殖的一种养殖模式，通常养殖池面积为 0.67～1.33 公顷，水深

1.2～1.5米，具有相对独立的进、排水系统，配备一定数量的增氧设施（图1-7）。养殖南美白对虾放苗密度一般为60万～75万尾/公顷。放苗前培养优良的浮游微藻群落和菌群，营造良好的水体环境，池塘中丰富的基础饵料生物可为幼虾提供营养。养殖过程中投喂优质人工配合饲料；实施半封闭式的管理模式，养殖前期添水，养殖后期少量换水；每10～15天定期施用芽孢杆菌、光合细菌和乳酸杆菌等微生物制剂调控池塘的菌相和藻相，不定期使用底质改良剂。通过优化养殖水体的生态环境，达到减少用药、提高养殖对虾成活率和养殖效益的目的。采用这种模式进行南美白对虾养殖，总体来说，单茬产量一般为7 500～9 750千克/公顷。

图1-7 对虾滩涂养殖土池

因为该养殖模式所需的生产成本投入相对较小，养殖管理技术也相对简单，又能取得一定的养殖效益，因此较易为广大群众所接受，以一家一户为生产单位进行对虾养殖生产的养殖户多采用此模式。但由于该养殖模式的池塘配套设施相对简单，养殖管理技术措施还存在一定的缺失，在养殖过程中对病害的防控存在一定的困难。

二、高位池养殖模式

高位池养殖模式又称提水式精养模式，是在海水高潮线以上的沙滩建造养殖池塘开展对虾养殖，相比传统的滩涂围垦挖池养殖模式，最大的区别就是将养殖池建在海岸线以上的沙滩上，不论高潮期还是低潮期，都能把养殖池塘内的水体排干。高位池对虾养殖最早出现在我国台湾省，国内最早于20世纪80年代出现在湛江市对虾种苗试验场遂溪县草潭镇长洪基地。高位池养殖是近年在我国广东、海南、广西发展较快的一种对虾养殖模式，并逐渐向福建和江浙沿海发展。

（一）养殖模式特点

该模式是一种高密度集约化养殖模式，具有投资大、产量高、病害少、养殖成功率高但又风险大的特点，主要表现在以下几方面：

（1）池塘建于高潮线以上，高于海平面3～10米，一般应离海边200米防护林以后的地方，不受台风、暴雨等恶劣天气影响（图1-8）。

图1-8　建于高潮带上的对虾养殖池塘

（2）养殖用水依靠机械提水，排水容易，方便集污及洗池、晒池（图1-9），底质保持良好，晒池可以较彻底地杀死病毒细菌，保证养殖成功率。

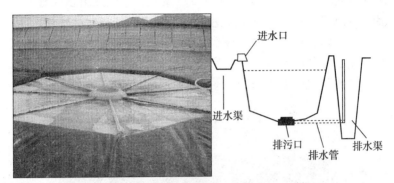

图 1-9 高位池中央排水结构

（3）底质为地膜、水泥或沙（沙面下 20～30 厘米铺农用薄膜保水），防止渗漏，保证对虾良好的栖息底质，且易于清整。

（4）水泥护坡和地膜使外来生物不易进入养殖池，特别是甲壳类的螃蟹等，因而减少感染白斑病毒（WSSV）等病害的机会。

（5）通过砂滤井从海里提水（图 1-10），可以不受天气及潮水影响，可全天进排水，养殖主动性强。

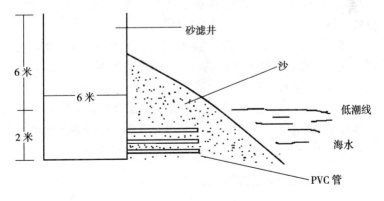

图 1-10 砂滤井示意图

（6）高密度集约化养殖，一般每公顷放苗密度 90 万～180

万尾，每公顷产量达 7 500～22 500 千克，甚至放苗密度每公顷达 600 万尾，每公顷产量高达 45 000 千克，经济效益显著。

（7）随着池塘对虾产量的增加而增加增氧机及加强水质调控，增氧机装配密度一般为每公顷配备 15 台 1.5 千瓦的四叶轮水车式增氧机（图 1-11）。

图 1-11　高位池增氧机摆放示意图

（8）虾池面积较小，一般 0.13～0.67 公顷，最佳 0.13～0.33 公顷，加之进、排水方便，因此养殖生产安排机动性强，操作灵活，便于管理，通过标粗过塘，一年可以多茬养殖。

（9）一般为高密度养殖，提水、增氧等均需大量电能，投入成本较高。高密度高产可以高回报，但高密度高投入也具有高风险的特点。

（10）由于砂滤进水作用和底质缓冲能力较弱等原因，养殖水体浮游微藻多样性较差，对气候变化易感，存在养殖前期藻相难培养、养殖中、后期藻相易变动、水环境比较难控制的特点。

（二）高位池养殖类型

根据虾池的底质结构特点，对虾养殖高位池可分为水泥护坡沙底养殖池、铺地膜养殖池和池壁及池底均为水泥建造三种类型。

1. 水泥护坡沙底池养殖　水泥护坡沙底池为利用水泥、沙石浇灌，或用砖砌以水泥涂布建立堤坝，以海边细沙铺底的一种养殖池（图1-12）。其优点在于养殖池堤坝坚固，对烈日、大风和暴雨的抵抗能力较强，还可为喜潜沙性的对虾提供良好底栖环境。但该种养殖池也存在一定的缺点。首先，其建筑成本比土池和铺膜池高；其次，由于养殖池经受日晒、雨淋、养殖水体压力等，在使用一段时间后，水泥护坡可能会出现裂缝，从而引起水体渗漏现象；再次，沙底虽然能为养殖对虾提供一个较为适宜的栖息环境，但由于其清洗较为困难，养殖过程产生的残饵、对虾排泄物及生物残体等有机物容易沉积于池底，且不易清除，从而造成底质环境逐渐恶化。

图1-12　水泥护坡沙底高位池

根据水泥护坡沙底池的上述特点，在养殖管理过程中应提出相应的解决方案，发挥其优势，规避其不足。①在放苗前应该仔细检查堤坝的状况，发现有裂缝的地方可用沥青或水泥进行修补；②每次收虾后都应对池底进行彻底的清理，将沉积于沙子中的有机物用高压水泵冲洗出来，该过程在实际操作中俗称为"洗沙",若沙底已经经过多茬养殖,无法彻底清洗干净,则应考虑铲除表层发黑的细沙,换上新沙;③在放苗前对底质进行有效的翻耕、曝晒、消毒,以免残余的有机质或致病微生物潜藏在沙底中;④在养殖过程中施用有益菌和底质改良剂,避免有机物长期沉积于池底引起底质恶化;⑤在建造养殖池时可将池子设计成圆形或圆角方形,池底则设计成一定的坡度,微微向中央排水口倾斜,并以中央排水口为圆心,3~5米为直径,用砖块、水泥铺设一个中央排水区,以减小池底的排水阻力及避免中央污物渗入沙质,排水网架或塑料板平铺在池中心最低处,池水顺着排水口形成旋涡急流带着污物排出池外。

2. 铺地膜高位池养殖 在对虾养殖池中铺设地膜的最大优点,就是易于清理。众所周知,一般对虾养殖池塘经过多年养殖后,其底质均受到不同程度的污染,造成虾池老化,而这正是一个引发对虾病害的潜在诱因。在养殖池底铺设地膜,加之配套中央排污系统,既有利于养殖过程及时排出沉降于池底的污物,又有利于对虾收成后对养殖池进行彻底的清洗、消毒。一般用高压水枪就可轻易将黏附于地膜上的污物清除,再加上一定时间的曝晒及带水消毒,即可把养殖池塘清理干净,及时投入下一茬的养殖。因此,地膜式养殖对延长养殖池塘的使用寿命,实施有效的对虾养殖环境质量管理,具有良好的促进作用。

另外,由于铺设的地膜一般为黑色,养殖的环境水色较深而促使对虾体色较深,煮熟后更加鲜红美观,因此,铺地膜池养殖的南美白对虾深受加工厂欢迎而售价较高。但是当春节来临,南方的南美白对虾活虾长途运输至全国各地时,地膜池养殖的南美白对虾比沙质底养殖的成活率明显要低,故而售价要稍低。

目前,常用的地膜有进口的,也有国产的,价格一般在 3~10 元/米^2,使用寿命为 3~5 年到十几年不等。在选择地膜时除关注价格成本外,尤其应特别注意地膜的质量,最好能选择质量有保障的名牌产品，以避免因质量问题造成地膜破裂导致池塘渗漏，或因地膜使用寿命过短造成二次投资。铺地膜池有水泥护坡池底铺设地膜和全池铺设地膜两种（图1-13）。

图1-13 铺地膜高位池

3. 水泥池养殖 水泥养殖池（图1-14）集中了上述两种养殖池的优点，既坚固又易于排污，也方便养殖过程中的生产管理。而其存在的最大缺点则为：养殖时间长了池体容易出现裂缝，且池子的造价也相对较高，这与"水泥护坡沙底池"有些类似。水泥池养殖的南美白对虾也和铺地膜池一样，存在长途运输比沙质底养殖的成活率明显要低的缺点。

图1-14 水泥池养殖

根据三种高位养殖池塘的基建投资成本、池塘保养维护、生产管理、养殖生产成本、养殖效果、养殖经济效益等综合分析，水泥护坡沙底池和地膜池更适合南美白对虾的大面积生产要求。

三、低盐度淡化养殖模式

（一）养殖模式特点

南美白对虾适盐范围广（0～40），可以采取淡水、半咸水和海水多种养殖模式，从自然海区到淡水池塘均可养殖。因此，将南美白对虾苗种进行淡化处理，在低盐度或淡水（盐度＞0.5）水域中进行养殖，扩大了该种对虾的养殖区域。近几年来，该养殖模式在河口及淡水资源丰富地区发展迅速，并取得了良好的效益。相比于其他养殖模式，低盐度淡化养殖模式有其固有的特点（表1-5）。

表 1-5 低盐度淡化养殖模式特点

采取淡化措施	①在虾苗场进行淡化，直至盐度与放苗水体接近 ②在标粗池或池塘的一角设置围隔进行暂养，进一步淡化
养殖管理	①投喂人工配合饲料 ②采取封闭或半封闭式养殖管理
优点	①对虾小规格时（80~100 尾/千克前）生长速度快 ②受白斑综合征病毒的影响相对较小
缺点	①养成对虾的肉质及口感略次于高盐度水体养殖的对虾 ②活力较差，不耐运输

（二）要求

1. 池塘条件 单一池塘面积为 0.2~0.67 公顷，一般设计成规则的长方形或正方形，池深 1.5~2 米。为了便于标粗、淡化，可在池塘的一角设置围隔建造标粗池（图 1-15），面积约占池塘总面积的 15% 左右。

图 1-15 池塘中的小标粗池

池塘设置有排水和进水闸门，其位置不仅要与进、排水渠的位置相一致，同时也要充分考虑夏季季风的风向，即排水闸门的位置尽可能设置在下风处。池塘底部呈一定坡度倾斜，一般排水闸门处于池塘最低位，以方便排水。

2. 增氧设备

（1）增氧机设置 增氧机的配置数量视放养密度和预计产量而定，一般集约化养殖增氧机的配备数量为 11.25～22.5 千瓦/公顷。增氧机的排列方向应合理（图 1-16），开动时可使池水形成环流，以利于把污物集中到池塘中间底部，为对虾营造良好的摄食、栖息环境。

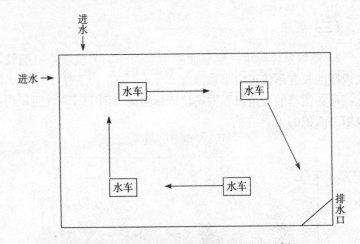

图 1-16 池塘中水车式增氧机的设置示例

（2）底部增氧 为了提高虾池底部的溶氧量，近几年开始较多使用池底充气增氧系统，其结构由充气机、送气管和气孔组成，可有效提高增氧效率，增加底部的溶解氧。

四、冬棚养殖模式

（一）养殖模式特点

我国南方地区全年大部分时间的水温都比较适合南美白对虾

的生长，但在冬季和初春自然水温却不能满足南美白对虾的生长，但是此时的活虾价格最好，可获取更高的经济效益。在这种情况下，广东、福建以及广西等部分地区尝试在冬季通过搭建保温棚增温的方法进行南美白对虾的养殖，虽然投资高、风险大，但是养殖收益与夏、秋季正常养殖相比更高，因此受到部分有条件养殖者的欢迎，养殖面积逐年扩大。

目前，在广东、福建的部分地区有较多的虾池进行冬棚养殖，以低盐度淡化养殖区的规模最大，高位池养殖也有不少。其特点如表1-6所示。

表1-6 冬棚养殖模式特点

风险大	①基础设施投资大 ②养殖周期长 ③养殖投入品使用量大
效益好	①成本增加30%~40%，商品虾售价增加80%~100%，甚至更多 ②可小规格出售、轮捕上市，产量略高
技术要求高	①棚中光照强度弱，浮游微藻不易培养 ②环境封闭，空气交换量少 ③养殖周期长，水质、底质易恶化

（二）冬棚搭建

1. 冬棚搭建时间 根据各地的气候特点，选择在冷空气到来之前搭建冬棚，翌年气温回升至23℃以上时将冬棚拆除。大多数的养殖者采用的是先搭棚后放苗的方式，也有少部分的养殖者由于种种原因而先放苗，然后再搭建冬棚。

2. 常见冬棚的结构和特点 常见冬棚的结构有三种，根据所在地的不同可将它们分别称为珠三角保温棚（图1-17）、闽南保温棚（图1-18）和福州保温棚（图1-19）。它们各自的特点如表1-7。

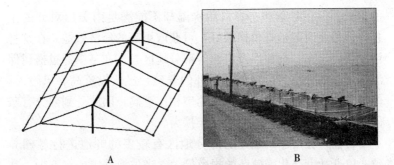

A   B

图1-17 珠三角保温棚

A. 内部结构示意图 B. 正面照片

A   B

图1-18 闽南保温棚

A. 支架 B. 内部构造

A   B

图1-19 福州保温棚

A. 支架结构 B. 外观

表1-7 不同结构保温棚的特点

温棚类型	结构特点	优 点	缺 点
珠三角保温棚	薄膜上下无尼龙网覆盖,只有钢缆,钢缆间距较小	搭盖简单;成本低(造价约37 500元/公顷)	抗风能力差,薄膜易破损
闽南保温棚	薄膜上下为两层尼龙网,网的上下为两层钢缆(或尼龙绳),钢缆(或尼龙绳)的间距较大	整体性好,薄膜不易破损;成本低(造价约45 000元/公顷)	保温性、抗风能力差,不适于在风大及气温偏低的地方搭建
福州保温棚	与以上两种结构相差较大,为竹片弯成半圆形,在上面覆盖薄膜	薄膜上不会积水;保温性能好;抗风能力强	造价高(约120 000元/公顷);成虾收获困难,只能采取"笼捕法"收虾

3. 搭建保温棚的材料 搭建不同类型保温棚的材料如表1-8。要求所搭建的支架坚固、稳定,能支撑起成人在上面走动。除此之外,支架、钢缆规格的选择还应根据当地的风力大小决定。塑料薄膜可选用透光性强的白色薄膜,气温低的地区可选择略厚的薄膜。例如,闽南地区一般选择的薄膜厚度为0.4~0.5毫米,福州地区选择的薄膜厚度为0.7~0.8毫米。

表1-8 搭建保温棚材料的选择

材料种类	珠三角保温棚	闽南保温棚	福州保温棚
支架	杉木	杉木、水泥杆或竹木	竹木
支撑网	钢丝	钢丝或尼龙绳	竹木(剖开成片使用)
边桩	木桩	木桩或水泥桩	无
薄膜	透光性强的白色塑料薄膜	透光性强的白色塑料薄膜	透光性强的白色塑料薄膜
网	无	尼龙网	无

4. 注意事项

（1）铺膜时应注意薄膜与支架间的固着，使薄膜与支架、支撑网构成一个整体。

（2）棚顶斜度平顺，下雨时不易形成积水。

（3）保温棚边沿部分易积水，在薄膜拉盖后应在局部区域用竹竿将薄膜扎破，以防暴雨天气因积水过多而导致棚坍塌。

（4）已经放养虾苗的池塘盖棚时，拉盖薄膜的速度不宜过快，一般应有1周左右的过渡期，以防止造成水质剧变和对虾应激。

五、高盐度水兑淡水养殖模式

自1993年暴发对虾病毒病以后，我国沿海的对虾养殖业遭受了巨大损失，于是人们逐渐尝试由沿海养虾转为内陆开发养虾。利用盐度40～120的高盐水兑淡水进行小池塘、深水位、强增氧、控污染的对虾养殖模式，在天津汉沽地区经过试验、示范、推广与完善，不但防病效果显著，而且连年取得较高单产和经济效益。该养殖模式在一定程度上切断了海水污染源直接进入虾池的途径，防止了病害的传播，在养殖全过程使用增氧机强化增氧，保持池水足够溶解氧含量，在此基础上，施以微生物调控，削减自身污染，通过综合手段，最大限度地延缓了池水老化的进程，保持了池水的生态平衡与稳定。

六、混合养殖模式

（一）养殖模式特点

混合养殖，又叫多营养级复合水产养殖、综合养殖，是根据生态平衡、物种共生互利和对物质多层次利用等生态学原理，人为地将相互有利的虾、鱼、贝、藻等多种养殖种类，按一定数量关系在同一水体中进行养殖的一种生产形式。与单养相比，混养改善了池塘中的营养结构和营养关系，增加了食物资源被利用的层次，充分利用养殖水体，生态和经济效益往往较高。

对虾池混养最早开始于 20 世纪 60 年代的虾贝混养。后来人们被高密度精养对虾带来的单一经济效益所吸引，忽略了混养的综合效益，导致混养在实际养殖生产中所占份额不高。1993 年以来，由于世界性的对虾病害猖獗、对虾质量安全事件频发，单一精养对虾的经济效益大幅度下降，养殖风险不断加大，综合利用虾池在虾池内进行多种类优化组合养殖的模式，越来越被人们重视。混养模式使得物质和能量在养殖系统内充分循环和利用，节约资源，同时减少环境负担，是一种可持续的养殖模式。

（二）混养的综合效益

通过搭配不同养殖品种，控制放养密度和投喂量等方法，混养可产生多方面的效益。

1. 生态效益　混合养殖通过人为地搭配养殖品种，形成小的生态群落，使养殖水域中各个生态位和营养位均有适宜的养殖对象与之相适应，可起到增强养殖生态系统生物群落的空间结构和层次、优化虾池生态结构、加强虾池生物多样性等作用。综合养殖系统内各种动物通过食物链网络相互衔接，能充分利用养殖水体中的天然或人工饵料，提高饵料利用率，促进养殖水体中能量和物质循环，减少残饵、粪便等有机物的积累，减少水质恶化；养殖品种之间通过合理搭配在养殖水域生态中发挥互利作用，可改善养殖环境，促进养殖对象生长。水生植物可吸收氮、磷等无机盐，减轻池水富营养化，保护了沿海的生态系统环境。

2. 防病效益　通过混养少量的肉食性鱼类、蟹类，对虾如暴发流行病，在发病前期鱼蟹可以直接吃掉发病的对虾，切断传染源，阻止流行病蔓延，从而大大减少疾病的发生。

3. 养殖效益　通过混养不同水层的养殖品种，可在不减少对虾放养密度的同时充分利用养殖水体，增加单位面积产量，从而增加养殖效益。此外，对虾混养其他品种后，由于养殖品种增加，可减少市场上单一品种价格波动带来的经济风险。

所以，混合养殖不论在经济效益，还是在整个大的生态环境效益上都是值得研究和推广的。

(三) 混养模式类型

近几年，国内外对混合养殖的关注越来越多，在实际生产中应用也取得不错的效益。按搭配品种的摄食方式和动植物类别的不同，虾池混合养殖模式可分为以下几种：

1. 对虾—滤食性鱼、贝类混合养殖 对虾养殖池塘中混养一种或几种滤食性鱼、贝类，对改善生态环境具有积极的作用。对虾的消化道短，排泄快，能产生大量排泄物，所以现在普遍采用的高密度单养虾池中，悬浮固体、颗粒物质、有机物质的量均高于邻近海域水体。而滤食性鱼、贝类以浮游生物、微生物、有机碎屑、甚至对虾粪便为食，可减少水体因有机物积累和分解造成的水质恶化，减少了病原体滋生的场所，改善了养殖环境，有利于对虾快速健康生长，而且提高了饲料利用率。滤食性鱼、贝类对水体中这些物质加以利用，既净化了水质，又提高了养殖产量。此外，缢蛏、青蛤、泥蚶等埋栖型贝类和鱼类在埋栖运动、游动和呼吸时，可以增强虾池底泥和水体的氧气交换，促进底泥有机物质的氧化和无机盐的释放，提高虾池氮、磷的利用率。配养经海水驯化后的罗非鱼，不仅能有效利用其他鱼类不能利用的蓝藻门的微囊藻，还能压制原甲藻等较大型藻类的过度繁殖，促进较小型金藻、硅藻等有益藻类的繁殖。

对虾池塘搭配滤食性鱼、贝类，是应用最广泛的虾池综合养殖模式，在搭配种类选择上多种多样。贝类有埋栖型的文蛤、缢蛏、毛蚶、泥蚶、魁蚶和菲律宾蛤仔等，还有附着或固着型的扇贝、贻贝和牡蛎等；鱼类有遮目鱼和罗非鱼等。而且我国南北方都可找到适应混养的鱼、贝类品种。如在北方搭配鲢、文蛤、缢蛏等；南方搭配花蛤、罗非鱼等。

2. 对虾—肉食性鱼、蟹类混合养殖 虾池中混养肉食性鱼、蟹类，主要是为了防止疾病的传播。由于对虾患病后活动力下降，肉食性鱼、蟹类就会容易捕食病虾，从而切断传染源，遏制虾病蔓延，减少疾病的再次传播。有研究发现，鱼的体表黏液所富含的多糖类是增强和激活对虾免疫力的物质，被对虾摄入后能增强免疫力，在一定程度上能抑制对虾病毒病发生。蟹类能翻扒池塘底部滩面，清除池塘中的螺类，池塘底部污物经翻扒后进入水体成为藻类繁殖的营养源，并能摄食病弱对虾个体，有利于控制病原传播，同时改善对虾的底部栖息条件。但是，肉食性鱼、蟹类是可以捕食对虾的，它们在食性和空间上与对虾在生态位上有许多重叠，所以在放养时只能以虾为主，少量搭配。

值得注意的是，由于虾蟹均属甲壳纲、十足目的水生动物，它们的分类地位较接近，有些病原体就可以在虾蟹之间互相传播。近年来学者通过实验证实，在白斑综合征多发的虾蟹混养塘中，三疣梭子蟹在大量摄食病虾后会感染对虾白斑综合征（WSSV）死亡。因此，虾蟹混养的模式是否合理值得进一步的研究。

与对虾搭配的肉食性鱼类有真鲷、河豚、石斑鱼、石蝶鱼、鲈等；混养蟹类主要是三疣梭子蟹和锯缘青蟹。

七、盐碱地养殖模式

（一）养殖模式特点

我国有约 0.46 亿公顷的低洼盐碱水域和约占全国湖泊面积 55% 的内陆咸水水域，这些盐碱地（水）资源遍及我国 17 个省、市、自治区，主要分布在东北、华北以及西北内陆地区。

盐碱水属于咸水范畴，有别于海水。由于其成因与地理环境、地质土壤和气候等有关，所以盐碱水质的水化学组成复杂，类型繁多，与海水相比，不同区域盐碱地水质中的主要离子比值和含量会有很大差别。另外，水质中的缓冲能力较差，不具备海水水质中主要成分恒定的比值关系和稳定的碳酸盐缓冲体系。

盐碱水质大都具有高 pH、高碳酸盐碱度、高离子系数和类型繁多的特点，给水产养殖带来了较大难度，直接影响着养殖生物的生存。因此，水质调节成为盐碱地池塘养虾成败的关键。

（二）养殖模式类型

南美白对虾盐碱地养殖方式，应根据可养池塘的条件灵活采用，一般分为粗养、精养和鱼、虾、蟹混套养等方式。

1. 粗养 粗放养殖是一种对自然水域采取少放苗种不投饵或少投饵，实施人工管护的生态养殖方式，是一种投入低、产出高、经营风险小，以大规格提高产量，以质量增加效益的养殖经营方式。放苗密度一般 45 000 尾/公顷，或不超过 75 000 尾/公顷。

2. 精养 精养的池塘条件要求较高，池塘面积要求在 0.2～0.33 公顷，池水深度 1.5～2.5 米，有水源补充可交换，能增氧，人工投饵，每公顷放苗在 45 万～75 万尾或更多，是一种高投入、高产出的养殖经营方式，对技术和管理的要求较高。

3. 鱼、虾、蟹混套养 鱼、虾、蟹混套养是从一种科学养殖经营的角度出发，合理搭配混、套养品种的养殖模式，较单一品种的养殖具有一定的经营风险互补性，而且在同一个水域能生产出多个水产品，体现和发挥了水生动物的群体效应和水域生产能力。不同的养殖品种在同一个水体内养殖生产，使生物间形成一种共生共栖和相互依存关系，能够充分利用食物和水体的立体空间。而且，对于对虾养殖病害发生具有一定的生物预防性。

（1）可以进行混套养的品种　进行混套养的鱼类，主要有罗非鱼、鲅和"四大家鱼"。为了有效预防病害发生，防止病死虾对健康虾的感染，可适量投放一些鲈、白鲳、鲇和乌鳢等。进行混套养的蟹类有中华绒螯蟹和锯缘青蟹，海水养殖中可与梭子蟹混养。

（2）混套养比例

①以南美白对虾为主的养殖模式，应按正常放养量投放南美白对虾苗种，适当搭配鱼、蟹类品种，搭配的数量比例以对主养品种不造成影响或危害为原则。凶猛肉食性鱼类的苗种放养在73～105尾/公顷。

②以鱼类为主的养殖方式，除正常投放鱼类苗种外，根据南美白对虾放苗季节的水温要求，依养殖池塘的条件，可放养南美白对虾苗种15万～30万尾/公顷。

第四节 对虾养殖质量安全管理

一、安全生产相关概念

（一）安全农产品

安全农产品，是指食用农产品中不含有可能损害或威胁人体健康的因素，不应导致消费者急性或慢性毒害，或感染疾病，或产生危及消费者及其后代健康的隐患。即指植物性产品、动物性产品与食用菌产品以及它们的加工制品等，整个生产过程与终端产品，经过严格检验，各项技术指标与卫生指标符合国家或有关行业标准的产品。目前，国内常见的安全农产品有三类，分别是无公害农产品、绿色食品和有机食品。

1. 无公害农产品 产地环境、生产过程和产品质量均符合国家有关标准和规范的要求，经认证合格获得认证证书，并允许使用无公害农产品标志的未经加工或者初加工的食用农产品。

2. 绿色食品 遵循可持续发展原则，按照特定的生产方式生产，经专门机构认定，许可使用绿色食品标志的无污染的安全、优质和营养类食品。绿色食品分为 A 级和 AA 级两种。其中，A级绿色食品生产中允许限量使用限定种类的化学合成生产资料，AA级绿色食品则较为严格地要求在生产过程中不使用化学合成的肥料、农药、兽药、饲料添加剂、食品添加剂和其他有害于环境和健康的物质。

3. 有机食品 根据有机农业原则和有机农产品生产、加工标准生产出来的，经过有机农产品颁证组织颁发证书的一切农副产品及其加工品。

无公害农产品、绿色食品和有机食品都属于农产品质量安全范畴，安全是这三类食品突出的共性，实行了农产品从种植（养殖）、收获、加工生产、贮藏及运输过程等各环节的质量控制，保证质量安全。无公害食品是保障国民食品安全的基准线，绿色食品是有中国特色的安全、环保食品，有机食品是国际上公认的安全、环保、健康食品。

（二）农业标准化

农业标准化是以农业为对象的标准化活动，即运用"统一、简化、协调、选优"原则，通过制订和实施标准，把农业产前、产中、产后各个环节纳入标准生产和标准管理的轨道。农业标准化是农业现代化建设的一项重要内容，是"科技兴农"的载体和基础。它通过把先进的科学技术和成熟的经验组装成农业标准，推广应用到农业生产和经营活动中，把科技成果转化为现实的生产力，从而取得经济、社会和生态的最佳效益，达到高产、优质、高效的目的。它融先进的技术、经济、管理于一体，使农业发展科学化、系统化，是实现新阶段农业和农村经济结构战略性调整的一项十分重要的基础性工作。

（三）农产品全程质量控制

农产品全程质量控制，是在强化农产品产地环境、投入品、生产过程、市场准入等环节监管的基础上，通过一系列可行的手段或措施，将现有农产品质量建设的基础体系和基本制度贯穿于生产、加工和流通的全过程，建立从"农田到市场"的可追溯制度。

（四）南美白对虾安全生产技术

南美白对虾安全生产技术是指养殖生产全过程（包括产地环境、投入品、生产过程等）按国家有关标准和规范的要求开展，建立相关记录，利于追溯，保证养殖对虾符合相关标准要求，保障食用安全。

二、养殖过程危害与质量缺陷分析技术指南

（一）场址选择

【潜在危害】土壤中重金属富集和农药残留；水源重金属或化学污染、致病微生物。

【潜在缺陷】水源致病菌、病毒（白斑综合征病毒、桃拉病毒、传染性皮下及造血组织坏死病毒）或寄生虫（固着类纤毛虫、微孢子虫）污染。

【技术指南】

（1）调查场址所在地以往和目前的工农业生产情况，以评估可能存在的污染因素。必要时对土壤中可能存在的污染（如重金属、农药残留等）进行检测，如检测结果表明此地不适宜对虾养殖，则应另选场址。

（2）调查周围土地的溢流和排污情况，采取措施避免养殖水体受到污染。

（3）应特别注意避免受到粪便污染，因此，养殖场应尽可能与居住区隔离。

（二）养殖设施

【潜在危害】油污污染。

【潜在缺陷】微生物交叉污染，外来生物入侵。

【技术指南】

（1）池塘养殖机械出现漏油情况的控制。

（2）养虾池塘的进水和排水渠道应分开设置，避免进水和排水互相渗透或混合。

（3）进水口应设过滤装置，可建造砂滤井或砂滤池，也可在进水口装置 80～100 目筛绢网，以避免非养殖动物的幼体及受精卵进入养殖池塘。

（4）应配置养殖废水处理设施，废水需进行无害化处理后才排放。

（三）前期准备

1. 清污整池、消毒除害

【潜在危害】清除非养殖动物和病原体所使用的农药、渔药所造成的化学污染；对人体有危害的微生物病原体等。

【潜在缺陷】非养殖水生动物幼体及受精卵；致对虾发病的微生物病原体等。

【技术指南】

（1）使用时，应对池塘底质进行检测，底质应符合 GB 18406.4—2001 的相关规定。

（2）养殖开始之前，养殖池塘需进行整治，清除池中的有机污物、杂草，使用药物清除杂鱼及鱼卵、杂虾及虾卵、螺等非养殖水生动物，杀灭细菌、寄生虫和病毒等病原体。

（3）药物的使用必须遵守《无公害食品　渔用药物使用准则》（NY5017）的规定。

（4）若经过上一茬养殖，收获后必须清除淤积的有机质，水泥底、铺塑料薄膜的池塘用高压水泵冲洗干净，土池排干水充分曝晒，保持底质疏松通透，使有机质氧化，选用合适渔药进行消毒除害。

2. 进水与水处理

【潜在危害】随水体进入养殖环境的对人类有危害的微生物病原体（沙门氏菌、致泻大肠埃希氏菌和副溶血性弧菌）。

【潜在缺陷】非养殖水生动物幼体及受精卵；导致对虾发病的微生物病原体等。

【技术指南】

（1）水源质量应符合《无公害食品　海水养殖水质》（NY 5052）和《无公害食品　淡水养殖水质》（NY 5051）的要求，进水前需对水源进行检验，符合要求方可使用。

（2）水体的处理主要针对随水体进入养殖环境的非养殖动物幼体、细菌、寄生虫和病毒等，保证给养殖对虾充足的生长空间，以及把微生物病原体控制在最低水平。

（3）进水需经有效过滤以后才进入养殖池塘。有条件的可建造砂滤井或砂滤池，也可在进水口装置 80～100 目筛绢网，以避免非养殖动物的幼体及受精卵进入养殖池塘。

（4）遵守《无公害食品　渔用药物使用准则》的规定，使用安全的水体消毒药物，杀灭随水体进入池塘的微生物病原体。

3. 放苗前"养水"

【潜在危害】寄生虫和细菌等病原体、重金属。

【潜在缺陷】优良浮游微藻（绿藻、硅藻）繁殖不足。

【技术指南】

（1）合理地往养殖池塘中施放肥料和有益微生物制剂，以促使优良浮游微藻种群和有益微生物快速繁殖，从而调控各项理化、生物因子在良好状态之中。

（2）使用的肥料必须有产品质量标准，且经省级以上肥料主管部门登记的产品，推荐使用水产养殖专用肥料。

（3）自制发酵有机肥料应完全发酵熟化。

（4）使用的微生物制剂应有产品质量标准，且具有饲料添加剂生产批文和生产许可证或微生物肥料登记证。

（5）微生物制剂的使用应符合《饲料和饲料添加剂管理条例》和《微生物肥料行业标准》的规定。宜使用芽孢杆菌、光合细菌、乳酸菌及 EM 复合菌等微生物制剂。

（6）根据养殖池塘营养状况，根据《肥料合理使用准则　通则》的规定，妥善使用有机或无机复合肥料。池底有机质含量少的池塘，宜施用有机无机复合肥料；池底有机质含量多的池塘，宜施用无机复合肥料。

（7）根据浮游微藻种群的生理生态特点，合理配比各种营养元素。

（四）苗种与放养

【潜在危害】苗种带来的药物（磺胺类、硝基呋喃类和氯霉素等）残留。

【潜在缺陷】携带特异性病毒、微生物病原体，虾苗质量差，水处理药物的残留。

【技术指南】

（1）对育苗场环境及育苗过程进行考察、评估，应购买具有种苗生产许可证、不使用违禁渔药的育苗场生产的虾苗。

（2）宜购买无特定病原（SPF）虾苗或特定性抗病（SPR）虾苗，采购的苗种应符合相应的苗种质量标准，并应由专门人员进行检疫。

（3）虾苗放养密度应以养殖技术、对虾品种和体长（规格）、养殖池塘容量、预期成活率以及预期的收获规格为基础，控制适当的放苗密度。

（4）苗期和放苗方式与时间，均需适合各个池塘的养殖条件和养殖容量。

（五）饲料的采购及使用

【潜在危害】化学污染（重金属和药物残留）。

【**潜在缺陷**】变质饲料、营养不全的饲料。

【**技术指南**】

（1）饲料的选购、使用或自制，应符合《饲料和饲料添加剂管理条例》的相关规定。

（2）选购的配合饲料应具有产品质量标准和检验合格证、出口食用动物饲用饲料生产企业登记备案证；注意产品标签中营养指标是否满足对虾生长需要。

（3）选购的饲料添加剂应具有生产许可证、产品批准文号或进口登记许可证和检验合格证。

（4）配合饲料应符合《无公害食品 渔用配合饲料的安全指标限量》（NY 5072）的要求。

（5）当企业自制饲料时，应确定或制定和执行相应的生产技术规程和产品质量标准。

（6）企业应配备与自制生产和质量检验相适应的专业技术人员。

（7）宜使用配合饲料，限制直接投喂冰鲜（冻）饵料，防止残饵污染水质。

（8）不应使用变质和过期饲料。

（9）根据养殖对虾的生理生态特性和养殖密度、池塘条件，合理投喂饲料。

（10）设置饲料观测网（台），了解对虾摄食情况，避免因饲料不足或营养不良导致对虾生长不良，或因过度投喂饲料加重养殖环境污染。

（六）养殖生态调控

【**潜在危害**】化学物质（重金属）。

【**潜在缺陷**】微生物病原体、富营养化。

【**技术指南**】

（1）养殖前期妥善使用肥料和有益微生物制剂，培养优良浮游微藻和有益微生物。

（2）养殖过程定期或不定期使用芽孢杆菌、光合细菌、乳酸菌及 EM 复合菌等微生物制剂，及时降解、转化养殖代谢产物，削减或消除对虾养殖生产的自身污染。

（3）养殖中、后期不宜使用大量元素肥料和有机肥料，以免加重池塘环境负荷。

（4）视养殖阶段特点、生态环境变化状况，妥善采用生物、化学、物理手段调节水质，使水质环境保持良好与稳定。

（5）精养、半精养池塘应装置增氧设备，合理开动增氧设备及采取相应措施，防止因密度过高、天气变化等引起水体缺氧和分层现象。

（6）购买和使用的微生物产品应有产品质量标准，具有微生物饲料添加剂生产许可证和产品批准文号或者微生物肥料登记证。

（7）购买和使用的肥料，应有产品质量标准和肥料登记证。

（8）购买和使用的水质调节剂，应有产品质量标准和其他规范手续。

（9）微生物产品贮藏和运输条件应符合标签说明。

（七）养殖用水管理

【潜在危害】化学物质、重金属、微生物病原体。

【潜在缺陷】无。

【技术指南】

（1）采用封闭与半封闭控水措施；养殖前期以适当添水为主，养殖中、后期视生态环境变化少量换水，避免水环境剧烈变动。

（2）进水水源须经过砂滤、网滤等，提倡配备蓄水池。

（3）养殖排放水应经妥善处理，达到国家相关排放规程（标准）方可排放，防止有危害或缺陷的养殖废水直接排入养殖区域，造成危害蔓延和病害交叉感染。

（八）渔药的管理

【潜在危害】化学污染，渔药残留。

【潜在缺陷】造成对虾应激、水质突变。

【技术指南】

（1）渔药和其他化学剂及生物制剂应在专业技术人员的指导下，由经过培训的专人负责，并严格按照处方或产品说明书使用。

（2）渔药及其他化学剂和生物制剂应有产品质量检验合格证、生产许可证、产品批准文号或进口登记许可证，不应购买或使用停用、禁用、淘汰或标签内容不符合相关法规规定的产品和未经批准登记的进口产品。

（3）在使用渔药之前，应建立适当体系以监控渔药的使用，从而确定使用渔药的对虾批次的停药时间。

（4）死虾或病虾应以不会导致病害传播的卫生方式销毁，并调查其死亡原因。

（九）收获和运输（活虾和冰虾）

【潜在危害】无。

【潜在缺陷】机械损伤、由于活虾受惊或温、盐、溶解氧、冰等造成肌体或生化方面的改变。

【技术指南】

（1）企业应保持收获用具、盛装用具、净化和水过滤系统、运输工具等与养殖产品接触表面的清洁和卫生。

（2）收获前，应确保所有产品满足休药期要求。

（3）应于收获前按照《无公害食品　对虾》（NY 5058），对产品进行全部或部分指标的检测，检测结果不符合要求的产品应采取隔离、净化或延长休药期等措施，产品检测结果符合要求后方可收获和销售。

（4）宜选择适宜的气候和时间进行收获作业，防止养殖生物受伤。

（5）捕捞作业应尽量减少虾类的机械损伤；

（6）捕捞操作应迅速，以保证虾体不会过度暴露于高温下；

（7）捕捞以后按照不同销售用途以卫生的方式及时进行恰当处理。

（十）养殖流程（图1-20）

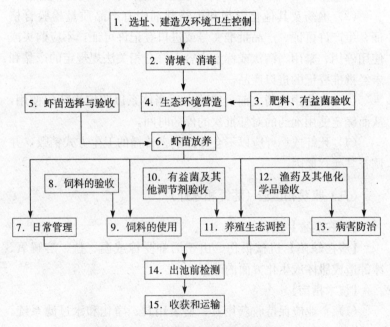

图1-20 对虾养殖安全生产流程图

三、养殖质量安全管理技术操作指南

（一）育苗场及苗种要求

1. 育苗场要求

（1）育苗场必须是具有独立法人的企业，并且具有育苗资质。

（2）育苗场周围无工厂"三废"排放，无6.7公顷以上的种植区和生活区，无大量农业和生活污水的排放。

（3）育苗场须具有高质量后备亲虾和优秀技术人员，有一套完善的、安全的管理体制并严格实施，以确保苗种质量安全的稳定性。

（4）育苗场用水和运输虾苗用水必须符合《无公害食品　海水养殖水质》（NY 5052）和《无公害食品　淡水养殖水质》（NY 5051）的要求，且运苗用水中不得添加国家规定的违禁物品。

（5）虾苗出场前，应送具有检测资质的检测机构检测，取得检测检疫证方可出场。

2. 虾苗要求

（1）亲虾要求　南美白对虾的亲本来源为原产地的自然水域捕捞、良种场培育，经检测不携带特定病原亲虾及抗生素药残。

（2）亲虾的培育　亲本的培育中，不使用任何违禁药品，常规药物也尽量少用，以减少亲虾应激。为亲本提供合适的饲料，饲料中的添加剂、抗氧化剂和防腐剂等应符合国家有关安全卫生标准，饲料中不得含有激素或抗生素等。

（3）产卵及孵化　尽量模拟亲本产卵所需的自然条件，使其自然产卵。在人工育苗中，洗卵及孵化用水不得添加抗生素类药品。

（4）虾苗的培育　虾苗培育的水质不稳定，应控制日常投料，使用优质虾片，同时定期使用有益微生物。虾苗发病后要立即隔离，并通过改善水质、降低密度等方法处理，最好不用药（包括常规药物）。

（5）虾苗的出池　虾苗选择全长0.8厘米以上、虾体肥壮、游动活泼有力、身体透明、不黏脏物，并经养殖场PCR自检，不携带特定病原（如 WSSV、TSV），以保证无病毒虾苗。操作应规范，避免或尽量减少虾体损伤。

3. 育苗场及虾苗的认证 所有进入养殖区的虾苗来源和虾苗质量，都必须通过技术部门的认证。主要的方法有：

（1）对输入虾苗的育苗场进行考察和认证。

（2）对虾苗的状态进行检测，包括虾苗的体形、虾病及寄生虫情况。

（3）具有合格资质机构出具的检疫证。

（二）养殖场地及养殖户的要求

1. 养殖场地要求

（1）养殖区要远离工业污染，且和种植区分开；原种植区新开虾塘经检测不得有农药、重金属等超标残留。水源良好充足，最好同时具备淡水资源。

（2）养殖用水要符合《无公害食品 海水养殖水质》（NY 5052）和《无公害食品 淡水养殖水质》（NY 5051）的要求；进、排水方便，有独立的进、排水系统；严禁引入工农业及生活污水；严禁有毒有害物质进入养殖水体。

2. 养殖从业人员的要求

（1）养殖从业人员须具备良好的素质，有一定的环保和质量安全意识。

（2）要坚决执行技术部门制定的各项质量安全措施，配合技术人员的指导和监督。

（3）积极参加技术人员以及有关专家主持的培训活动，以增强质量安全知识和养殖技术。

（4）养殖从业人员有义务保护和保持养殖场周围的环境，严格执行技术部门要求的质量管理养殖技术操作。

（5）养殖场技术员须具有良好的管理实践经验和技术，制定或引用符合质量安全的管理技术体系。

（三）南美白对虾投苗前的准备

虾苗投放前的准备工作，是南美白对虾养殖的基础环节，对养殖生产的影响很大，主要包括以下几个方面：

1. 清淤 池塘经养殖后，由于残饵、粪便、对虾蜕壳和动植物尸体等的沉积，在池塘底部形成一层黑色的淤泥污物，这层淤泥污物耗氧严重，同时释放有害物质，对养殖的危害很大，因此在投苗前一定要清除。首先要抽干池塘里的水，如果淤泥污物较多，可以用高压水枪把淤泥冲起，并从中央排污孔排出。

2. 晒塘与修整 清淤后塘底要曝晒 7 天左右。在晒塘的过程中，要对池塘进行修整及检查，主要工作有：

（1）检查进、排水口，防止渗漏。

（2）进行堤坝的加固整理及池底的整平等修整工作。

（3）检查电线及增氧机安装是否恰当。

3. 进水 进水之前检查砂滤井是否渗漏，水泵是否正常工作，进水需经过滤。

4. 水体消毒 进水以后，使用二氧化氯制剂等水体消毒剂对养殖用水消毒，施用量需视消毒剂的种类及有效含量而定，避免超量或不足量使用。

5. 肥水 南美白对虾在虾苗阶段需良好的水色，对虾苗的正常发育有很好的促进作用，在养殖前期幼虾摄食浮游生物可降低饲料系数，减少养殖成本，因此虾苗阶段的营造良好水色是必要的。肥水需用水产养殖专用肥，虾苗期的肥水应选用无机有机复合肥，同时使用芽孢杆菌制剂。施肥时间选在有太阳的上午，阴雨天不施。施肥方法是把肥料和芽孢杆菌制剂用水溶解，浸泡 24 小时后，均匀泼洒。使水的透明度达到 45～60 厘米，如果 5 天后仍没达到，进少量新水后追肥。

6. 投苗 在水色适宜时立即投放虾苗，同时注意使池水与

苗袋水的盐度相差不超过 5，水温相差不超过 5℃。虾苗的投放
量应根据水深、增氧设施等条件而定，一般每公顷放苗量为 75
万～180 万尾。放苗时，打开包装，取出虾苗袋放在水面上漂浮
至少 15 分钟，以消除温差，然后再打开苗袋，在苗袋中加入水
量 1 倍左右的塘水，静置 2～3 分钟，以便虾苗更好地适应，然
后提起苗袋下端，慢慢后退，放出虾苗。放苗后，死苗应及时捞
出，以防病害传染。活泼的虾苗多数开始潜入水底，几小时后，
虾苗开始适应了新的环境，就会进行索饵洄游，此时即可投喂优
质的配合饲料。

（四）南美白对虾饲料的管理方案

南美白对虾饲料实行准入制度，进行统一管理。

1. 饲料准入要求

（1）南美白对虾养殖中，要求全程使用南美白对虾配合
饲料。

（2）使用的南美白对虾饲料，必须来源于国家检验检疫机构
备案的生产企业，且饲料厂家须提供相关的质量安全证明。

（3）饲料应由养殖场技术部及采购部根据市场调查和实地考
察后联合推荐。

（4）准入的饲料包装标签上要真实注明原料的品种、营养成
分及保证值、添加的药品、产品标准代号、生产日期、保质期及
保存方法。并定期对准入的饲料进行检测，如发现质量问题，立
即责令饲料厂家整改甚至撤销准入资格，同时追究饲料厂家相应
的责任。

（5）饲料厂家在宣传中不得有弄虚作假的欺骗行为，不得毫
无根据地夸大饲养效果，宣传的饲料质量和效果必须有相应的依
据和试验报告。

2. 饲料投喂　饲料的投喂要遵循"少量多次"的原则，养
殖前期每天投喂 3 次，中、后期每天投喂 4 次；投喂量应根据虾

体大小、池塘对虾总量、水温、天气、水质情况及虾的吃食状态等作适当调整，以饲料观察网中饲料在 $15\sim30$ 分钟内被吃完为宜，避免残剩饲料而影响水质。在饲料的投喂中，盛装饲料的器具及投饲人员应未触及违禁药物。注意保存饲料，防止包装袋破损及雨水的进入，过期及发霉饲料不得投喂。

（五）虾病的处理及渔药的使用

1. 虾病 南美白对虾常有发生暴发性病毒病，但虾病应以预防为主。主要措施有：清塘彻底；苗种检测，不得携带病原体；根据水源、增氧设施等确定放养密度；合理投喂饲料；加强水质调节和养殖管理。当发现虾有不正常行为时，应立即调查原因并采取有效的防治措施，控制虾病的发展。用药前必须有明确的诊断报告，合理施药。

2. 渔药的使用 一般情况下不使用药物，只有在不得已的情况下使用。使用的渔药要遵循以下原则：

（1）虾药使用前必须有水生生物病害防治员根据虾病情况或专家的指示出具处方。

（2）使用的渔药应"三证"（渔药登记证、渔药生产批准证、执行标准号）齐全。

（3）杜绝使用易在虾体积累及污染环境的有机物、农药、重金属、抗生素、呋喃类、磺胺类等国家明文规定的违禁药品。

（4）使用高效、低毒、低残留药物，建议使用微生物制剂或中草药。

（5）药品的包装上须注明有效成分及含量、生产日期、有效期、贮存方法以及国家或国际认证类型。

（6）使用药物时须在水生病害防治员指导和监督下，以确保渔药的科学使用与安全。

（7）用药 3 天内，水生生物病害防治员须到塘头进行观察，详细记录用药效果。同时详细填写《水产养殖用药记录》。

3. 渔药管理制度

（1）养殖场内禁止储存及使用国家明文规定的违禁药品，普通渔药须根据水生生物病害防治员的处方，方可发药使用。

（2）渔用药物单独存放、保管并分门别类，如发现有变质失效、潮解、生霉或标签脱落难以辨认的药品，应立即停止使用，及时退换。

（3）药物采取"先进先出、易变先出、近期先出"原则，超过有效期的药品一律禁用或销毁。

（4）配发药物严格遵照处方，不得擅自加大剂量及增加药物种类。

（5）每个品种根据用药情况进行采购，每月月底进行盘点。

（6）做到药品出入账目清楚，并严格执行复核制度。

（六）水质要求与调控

养殖用水是一个非常复杂的体系，水中溶解了各种成分，存在着各种微生物、浮游生物及其他水生生物。这些物质相互作用、相互制约，其含量的多少决定了水质的好坏，对对虾养殖有着巨大的影响。水质控制主要包括水质检测和水质调控。影响水质变化的因素有水源、换水量、增氧设施、放养密度、施肥、投饵量、底质和药物使用等。

1. 水质要求

（1）水温　　水温以池塘 30 厘米水深处为准，南美白对虾的生长适温为 18～35℃，15℃以下停止摄食，13℃以下有死亡威胁。另外，南美白对虾对温差很敏感，所以放苗时温差不宜超过 ±5℃。

（2）溶解氧　　正常溶解氧应在 5 毫克/升以上。当水中溶解氧低于 2.5 毫克/升以下时，南美白对虾就开始浮头，长时间的浮头，不但影响其摄食、消化、生长，还很容易引起疾病发生。在池塘养殖中，水中的溶解氧昼夜变化，白天浮游微藻进行光合作用释放氧气，14:00～15:00 藻类的光合作用最强，上层水域的溶氧多处于超饱和状态。凌晨时分，水体处于耗氧状态（包括底泥、有机物分解），这时水体最易出现缺氧状态。如果水过深且水交换不够，池底白天也可能出现缺氧甚至无氧状态。

（3）**盐度**　南美白对虾的适宜生长盐度为 0～35，日变化不超过 5。

（4）**透明度**　水的透明度是由浮游生物的数量、有机质和污泥等决定的。一般情况下，养殖前期（对虾体长 4.5 厘米以下）需通过使用肥料和有益微生物等方法，控制水的透明度在 45～60 厘米；养殖后期主要通过换水、使用微生物制剂和水质调控剂等方法，控制透明度为 25～30 厘米。

（5）**pH**　最适为 7.7～8.3，其忍耐的最高 pH，根据虾的大小及水中氨氮的浓度不同而有所变化。

（6）**氨氮**　主要来源是粪便、残饵和动植物尸体等，养殖水体中一般浓度为 0.1～0.3 毫克/升。当氨氮的浓度高达 1.5 毫克/升以上时，即使加大溶解氧的含量，也会影响南美白对虾的生存。

（7）**亚硝酸氮**　主要来源是粪便、残饵和动植物尸体等分解，养殖水体中一般浓度为 0.1～0.3 毫克/升。通过呼吸作用，亚硝酸氮由鳃丝进入血液而导致虾体缺氧。

（8）**H_2S**　对对虾有强毒性，一旦水体处于缺氧状态下，蛋白质无氧分解以及硫酸根离子还原等都会产生 H_2S，当其含量超过 $2×10^{-9}$ 时，将会造成慢性危害，正常要求应检测不出。

2. 水质的调控　一般情况下，在养殖之前应对水源做全面的监测并评价，对养殖场来说，要经常测定水温、透明度、pH、溶解氧和盐度等水质条件，如有条件应检测氨氮和亚硝酸氮。对南美白对虾养殖来说，水质调控的主要方法是使用有益微生物和养殖后期的适量换水，应保持水质的相对稳定性，不要大排大灌，以减少环境突变对对虾的胁迫。同时，定期使用微生物制剂和水质调节剂。

南美白对虾养殖到中、后期（特别是高温季节），水体很易发黑，溶解氧降低，其主要原因有：①随着饲料投喂量的加大，粪便、残饵和动植物尸体等有机颗粒在池塘越积越多，由于底层水溶解氧不够，有机颗粒得不到充分的氧化而进行无氧分解并发黑，从而影响水质；②在高温季节里，如果水位过深，而水体交换能力不够，致使水体出现分层现象，底层水严重缺氧，藻类夜间死亡下沉，同时藻类的光合作用是水体溶氧的重要来源，随着藻类的减少，水体中的溶解氧也随之降低。解决这个问题的方法有以下几种：

（1）定期使用微生物制剂（包括芽孢杆菌、光合细菌、乳酸菌和 EM 菌等）降解有机废物。养殖周期每隔 7～10 天定期使用芽孢杆菌制剂，养殖后期酌情增添用量；适当使用光合细菌、乳酸菌和 EM 菌，并适当使用物理化学水质调节剂，保持水色的稳定及鲜活。

（2）合理开动增养机，促进物质循环流动。养殖前期全天开动 1/3 增氧机；中期白天开 1/3 增氧机，晚上开 2/3 增氧机；后期全天开动 2/3 增氧机，晚上全开（到了末期全天增氧机全开），气候恶劣或水质恶化要加开增氧机。

（3）适时适当添换水，改善水质。养殖前期（对虾体长不到4.5厘米）不换水只添水；中期（对虾体长在 4.5～8.5 厘米）每隔 2 天添换 20 厘米左右水深的池水；后期每天添换 15 厘米左右水深的池水。

3. 水质的检测

（1）养殖场须具有常用检测设备，如温度计（测水温）、比重计（测盐度）、透明度盘（测透明度）、溶氧仪（测溶解氧）、pH 计（测 pH）。

（2）水温、透明度、pH、溶解氧每天检测 1 次，并记入《养殖水质记录表》。

（3）盐度、COD、氨氮、亚硝酸盐、硫化氢每周检测 1 次。每月对养殖场进行抽样检测，水样包括水源、池塘水和排出水等，检测项目有温度、盐度、pH、溶解氧、透明度、COD、氨氮、硝酸盐、亚硝酸盐和硫化氢。

（七）养殖日志制度

为了加强南美白对虾养殖场日常监控管理，确保对虾的食用安全及产品的可追溯性，需制订以下制度：

（1）养殖场的养殖生产一律按《水产养殖生产记录》如实填写，记录者可以是饲养员或监控人员，但一律都得由技术员签名证实。

（2）正常情况下每天填写 1 次，如发生虾病、水质污染和自然灾害等异常现象应适时跟踪纪录，在备注栏中进行分析说明。

（3）使用药物须留存水生生物病害防治员开具的处方，并及时填写用药记录，按虾塘编号附到监控记录表后备查。

（4）记录表不得随意涂改，如因填写失误，应由养殖场主管签名审核。

（5）记录表每月按不同养殖场进行一次归档，保存期限为两年。

（八）南美白对虾养殖场的环境保护体系

为推动无公害南美白对虾养殖，发展绿色食品，走可持续发展的南美白对虾产业化道路，特制订以下管理措施：

1. 养殖区环境保护

（1）养殖区周边 2 000 米内，禁止兴建或存在对渔业生产构成危害的工厂，并和种植区分离，不受工农业污染及城镇居民生活废水的影响。

（2）不准放牧牲畜、养殖水禽以及种植甘蔗、香蕉等农作物。

（3）禁止乱倾倒垃圾废弃物，死虾及腐败水生动物应进行集中深埋或及时转移到养殖区之外。

（4）养殖区外的周边环境发生污染时，若对养殖场构成潜在危害时，可关闭通往的道路、水渠或进行应急隔离处理，直到确定无危害时为止。

（5）维护好养殖场的整体规划布局，不得随意改变池塘结构、堤坝及进排水渠道，禁止一切未经准许建筑固定设施的行为。

2. 养殖过程的管理

（1）以南美白对虾养殖为主，禁止引入一切对南美白对虾生长不利的水生动植物。

（2）推行无机有机复合肥和有益微生物制剂护水肥水，杜绝使用猪粪、鸡粪和蔗渣等农家肥，以防水体富营养化，底质受污染。

（3）使用准入饲料，杜绝劣质饲料及低质的粗饲料，科学投喂。

（4）不得擅自用药，尤其是易在虾体积累或对环境构成危害的农药、重金属、抗生素、呋喃类和磺胺类等违禁药品。

（5）禁止一切受污染的渔具、运虾水箱、车辆等进入养殖场使用，池水受污染及疫病发生的池塘应进行处理，确定无危害后方可排放。

3. 养殖器具的处理制度

（1）养殖器具　包括饲料桶（盆）、小船（或泡沫）、网具等养殖及捕捞所使用的工具、器械。

（2）养殖器具的一般处理方法　①日常使用的养殖用具，每个池塘配备一套，专池专用；②在清水中冲洗两遍；③阳光下曝晒4～5个小时；④有专门的工具房贮藏。

（3）养殖器具遇非正常情况下（主要是指器具已在出现虾病或水体污染等的池塘使用）的处理方法　①清水冲洗至少在3次

以上，器具表面无污垢或其他附着物；②用 20～25 毫克/升的漂白粉液或 30～40 毫克/升的高锰酸钾液浸泡 4 小时以上；③阳光曝晒 1 天以上。

（九）南美白对虾的起捕与运输

1. 南美白对虾的起捕　养殖场在监控人员的技术指导与监管下，经过 100 天的养殖时间平均规格可以达到 80 尾/千克，适合加工出口的要求，此时就可有序地安排收购事宜，在统一计划下进行成虾的起捕。

（1）起捕前的准备工作

①工具的准备：通常要在起捕虾 3 天前完成。装虾用的塑料筐 8～10 只；塑料虾桶 5～8 只；4 米^{2}左右的帆布，作为收虾场地；水裤及棉织手套若干。

②品质的检测：正式起捕前 15 天，将准备起捕的虾抽样 1 千克送到具有检测资质的检测机构，确定该批成品虾达到无公害标准，方可起捕收虾。

③塘面准备：起捕前 1 天完成。

排水：为便于起捕，需把池水排放到 70 厘米左右，清理池塘的增氧机及电线等。

停料：起捕前须停料 24 小时，便于运输，也不影响活虾的成活率等。

（2）起捕方法

①大拉网：开始起捕时可进行全塘的拉网，人员 4～6 人，沿池塘均匀拉网，最后收缩面积起虾，经过 8～10 次的循环，可以收获 70%～80%虾，即放入虾筐装箱。

②干池清塘：

排水拉网：经过大拉网后，可以把水排放到 30 厘米左右，全塘再进行多次的拉网收虾，这样池虾所剩极少了。

干池：把水排干，捕捞人员下池用捞网抓虾，统一放到塑料筐。

2. 运输

（1）运输车的装备

①载重 3 吨以上的汽车，并且具行驶证等国家有关部门所要求汽车证件。

②一般采用泡沫塑料箱加冰块冰冻运虾。

③冰块、泡沫塑料箱等配套渔具。

（2）运输车主的选择　运输车主有水产运输管理经验，信誉良好，并与加工厂签订协议，听从调遣，同时驾驶员具熟练经验，能在乡村土路上安全行车。

（3）运输要求

①运输用水符合质量安全管理。

②冰块使用：冰块的来源必须经过养殖场认证无污染，并定期或不定期地进行检测。

③运虾密度：通常来讲，一个泡沫塑料箱装 50 千克。

3. 产品标签　对每批出池对虾按《对虾养殖场产品标签》记录，并贴上此标签。

（十）南美白对虾养殖场的建立与管理

1. 南美白对虾养殖场的建立

（1）考察养殖场的自然条件（如周边环境、水源、交通运输、配电状况等）及养殖历史、养殖情况等；如有条件，还应对养殖场水源、土质等进行各项指标的监测。

（2）定期组织养殖场从业人员参加养殖技术培训。

（3）根据养殖场的供苗计划及养殖场的准备情况，协调决定投苗安排，做好养殖场投苗前的准备工作。

（4）绘出养殖场池塘分布平面示意图，并对养殖场全景进行拍照存档。

（5）养殖场技术员对养殖场进行技术指导与养殖质量监控。

2. 质量安全检测与评价　当南美白对虾体重达到 12 克以上准备收虾时，对南美白对虾的质量品质检测一次，检测内容按《无公害食品　对虾》（NY 5058）标准，并做出评价，提出改善措施。

3. 养殖场从业人员的培训与工作程序

（1）组织养殖从业人员进行养殖技术的培训，并分发技术手册。

（2）组织养殖从业人员进行养殖监控要求的培训，每月派发《养殖场用药指南》。

（3）指定技术员负责养殖场的养殖技术指导。如有异常情况应及时汇报技术主管，予以解决。

（4）做好养殖质量监控工作，记录养殖全过程并归档，包括养殖对虾的生长情况、水质调节、饲料投喂、虾病和用药等。

（5）组织养殖从业人员参观学习，强化养殖人员的质量安全意识，加强养殖技术的培训。培训内容应包括养殖中各环节的技术及要求，经培训合格后方可上岗工作。

4. 日常管理　加强养殖场管理，保持养殖场周围的环境卫生；发现死虾要深埋地下，以防传染；确立详细的记录制度，包括上岗人员、职责；生产过程中危害和预防措施执行情况，日常监控报告，产品质量检测结果等。

加强巡塘，如发现问题，应及时调查原因并处理；建立详细的日常记录制度，包括虾塘处理、苗种投放、饲料投喂、生长情况、水质检测与调节、虾病及用药等。

5. 养殖场技术员职责

（1）负责养殖场的技术服务，渔药、饲料及其他投入品的质量监控。

（2）跟踪对虾养殖生产情况，对生产中出现的虾病需对症下药，开具处方。

（3）监督好各养殖池的塘头记录工作。

（4）在有条件的情况下，定期对养殖场的环境、水质、原料质量进行检测，并记录分析。

（5）上级临时交办的其他任务。

（十一）附件

见附表 1-1 至附表 1-5。

附表 1-1　虾场放苗记录表

虾苗来源		是否有检疫证	
PCR（WSSV、TSV）		虾体活力情况	
放苗时间	塘号	面积	放苗量

附表 1-2　水产养殖用药记录

时间	处方号	池号/面积	药名	成分	用量	处方人	领用人	备注

附表 1-3　养殖水质记录表（　　年　　月）

时间/项目	pH	溶解氧	H_2S	氨氮	亚硝酸态氮	透明度	水温（℃）	水色
1								
2								
3								
4								
5								

（续）

时间/项目	pH	溶解氧	H₂S	氨氮	亚硝酸态氮	透明度	水温（℃）	水色
6								
7								
8								
9								
10								
11								
12								
13								
14								
15								
16								
17								
18								
19								
20								
21								
22								
23								
24								
25								
26								
27								
28								
29								
30								
31								

附表 1-4 水产养殖生产记录（   年   月）

池塘号：　　面积：　　公顷　　养殖种类：

饲料来源		检测单位	
饲料品牌			
苗种来源		是否检疫	
投放时间		检疫单位	

时间	水色	体长	体重	投饵量	水温	溶氧	pH	氨氮	投入品	备注
1										
2										
3										
4										
5										
6										
7										
8										
9										
10										
11										
12										
13										
14										
15										
16										
17										
18										
19										
20										
21										
22										
23										
24										
25										
26										
27										
28										
29										
30										
31										

养殖场名称：　　养殖证编号：（ ）养证［ ］第　号

备注：可记录本表没记录的相关材料，如病毒检测结果、进排水量、突变天气和死虾情况等。

附表 1-5　对虾养殖场产品标签

养　殖　单　位	
地　　　　址	
养　殖　证　编　号	（　）养证〔　　〕第　　号
产　品　种　类	
产　品　规　格	
养　殖　池　号	
对虾转移情况	
出　池　日　期	

第二章

选址要求与设施建造

第一节 育苗场的选址及建造

一、育苗场的选址要求

1. 地势 场址应建在避风港内湾山丘或高地上，场地的平均高度应大于平均海平面 8 米左右，小于 40 米，最好是在 10～20 米范围内，保证在大潮时即使有台风也不会被淹没，同时可以节省抽水耗能成本。

2. 水源 周围水质清净，无污染，水质符合《无公害食品 海水养殖水质》（NY 5052）或《无公害食品 淡水养殖水质》（NY 5051）的要求；海水盐度最适合在 10～25，pH 稳定在 7.7～8.3；淡化养殖最好处于河口地带或盐碱地区域。

3. 电力及交通 有充足的电力供应，交通方便，车或船可以直接到达。

4. 朝向 方向最好是坐北朝南。

二、育苗场的设施建造

一个完整的育苗场除工作人员办公及生活设施外，主要包括供水系统、供气系统、供热系统、供电系统、亲虾暂养池、亲虾培育室、幼体培育室、饵料培育室以及仓库等。幼体培育室是育苗场的主体工程，其他设施均应根据育苗池的需要而设计。

育苗场的规模应视苗种需求量和财力大小而定，一般可按每立方米育苗水体每批次产苗 3 万～15 万尾设计。在考虑近期产苗量和未来发展需要的基础上，留有一定的发展余地。

1. 亲虾培育室　要求可调光、保温、防雨、通风，采用土木结构，房顶部为石棉瓦或玻璃钢瓦，墙四周设一定数量的窗户，窗户设有色窗帘。

2. 亲虾培育池　每口池的面积 20～30 米²，深约 80～100 厘米，以半埋式为好。池呈长方形、正方形或椭圆形，四角抹成弧形，池底向一边倾斜，坡度为 2%～3%。在池底设有排水孔，孔径为 3.81～7.62 厘米，池底和池壁可均匀涂抹水产专用的无毒油漆。培育池上方安装日光灯。另外，为了便于操作管理，培育池之间留出 60 厘米宽的人行道。

3. 产卵、孵化池　水泥池一般建在亲虾培育室内，大小为 10～20 米²，池深 1.2 米，长方形或正方形。

4. 育苗室　结构和材料要透光、保温和抗风，经久耐用。一般采用土木结构或砖石结构，可用玻璃或玻璃钢波纹瓦盖顶，四周安装玻璃窗。若用玻璃钢波纹瓦盖顶，要求透光率 60%～70%。如用玻璃天窗，应设布帘，以便调节光线。

5. 育苗池　要布局合理，操作方便，经久耐用。育苗池有座式、半埋式或埋式等几种类型，以半埋式为好。池壁可用钢筋混凝土灌注，也可用砖石砌成，外敷水泥，要求不渗漏、不开裂。

育苗池形状为长方形或正方形，人行过道宜在 1 米以内。育苗水体 15～30 米³，池深 1.3～1.8 米为宜。池内角为弧形，池底设有排水孔，孔径为 10 厘米，池底向排水孔以 2%～3% 的坡度倾斜。在排水孔外设置收集虾苗的水槽，大小为 1.0～1.2 米×1.0 米×0.8 米，槽底部应低于排水孔 20～30 厘米。集苗槽设有排水孔，与育苗池的排水孔径相等或稍大。

6. 饵料培养池 对虾幼体饵料生物有单细胞藻类和卤虫。培养单细胞藻类多用瓷砖池或水泥池，每口池 2～10 米^2，池深 0.8～1.0 米。培养角毛藻、扁藻、新月菱形藻等种类的池底和距池底 20 厘米处各设 1 排水孔，培养骨条藻的池底设排水孔即可。为了防雨、保温及调节光线，饵料池可建在室内，屋顶需选用透光率较强的材料；也可建在室外，在池顶上挂遮阳网调节光线。为防止池间相互污染，一室可分为几个单元。

孵化卤虫卵可用水泥池或玻璃钢孵化桶。水泥池一般 2～5 米^2，圆锥形，锅形底，深 1～1.3 米，在池底中央及离池底 5～10 厘米处各设 1 排水孔，便于排污及收集卤虫无节幼体。孵化桶为圆锥形，容积 0.5 米^3，上面 2/3 的部分为黑色，不透光；下面 1/3 的部分透光；底部中央设排水孔，有开关控制。

7. 亲虾暂养池 亲虾暂养殖方式因地区而有不同。广东、广西、海南和福建南部可利用室外池暂养，浙江南部则在保温条件较好的室内池暂养，江苏以北则需在有加温条件的室内池暂养越冬。

室内暂养越冬时，要有保温性能好的温室、砖墙和双层窗户，室内光线控制在 500～1 000 勒。暂养越冬池分成数口，每口池面积 20～50 米^2，池深 1.2～1.5 米，以长条形水池为好，便于清除残饵和粪便，池底最低处设有 10～15 厘米口径的排水孔。为防止亲虾跳跃时碰壁伤体，应在池内距池壁 10 厘米处挂一圈网片。

8. 亲虾选育池 在繁殖场中还应建亲虾选育池，大小和数量依育苗场的规模大小而定。每口池面积 100～500 米^2，水泥底或沙质底，水深 1.5～2 米，结构与养成池相类似，有进、排水设施和排污设施。

9. 供水系统 包括蓄水池、沉淀池、高位水塔、砂滤池、水泵和进、排水管道等。

（1）水源 在沙质底的海区埋设 PVC 管，直接抽取新鲜海水，或者打井取地下海水。

（2）蓄水池 如无法抽取干净的海水，可建纳潮式蓄水池，此池大小以能满足一个汛期用水即可。也可用比较清净的养虾池代替，一般面积 $10\sim15$ 米^2。

（3）沉淀池 总蓄水量应占种苗生产用水量的 $50\%\sim80\%$。为了保证每天供水，沉淀池应隔成 $2\sim3$ 个，以便轮换使用，沉淀池需加盖或搭棚遮光。

（4）砂滤池 一般建于最高处，其大小应视海区水质状况及育苗用水量而定，以建两个为好，以便轮换使用。砂滤池的最上层为细沙，厚度一般 $60\sim80$ 厘米；中层为粒度较大的粗沙，是过滤层，厚度 $20\sim40$ 厘米；下层为小石块，厚度约 20 厘米；底层铺设水泥板，上面留有多个孔，便于滤出的水通过。

（5）贮水池 建在砂滤池的下方，高于其他池子。贮水池的贮水量应占育苗和培育亲虾总用水量的 30% 左右。水经砂滤后于贮水池中贮存使用。

（6）高位水塔 也可以在地势较高的地方建高位水塔，以取代贮水池。经过砂滤的水被泵入高位水塔中储存，再从高位水塔送入育苗室或饵料培养池。水塔的容量应不少于育苗室总容量的 $1/5$。

（7）水泵与管道 水泵一般多使用自吸式离心水泵，输水管道用 PVC 塑料管或水泥管，禁用铁管、铜管、镀锌管和橡皮管。

（8）砂滤罐和泡沫分离器 为保证用水质量，部分苗场还有砂滤罐和泡沫分离器。

10. 充气设备 包括充气机、送气管道、散气石或散气管。

（1）充气机 一般用罗茨鼓风机或鲁式鼓风机，鼓风机应配备 2 台，以备使用和轮换使用。

（2）送气管 分为主管、分管及支管。主管连接鼓风机，常用口径为 $12\sim18$ 厘米的硬质塑料管；分管口径 $6\sim9$ 厘米，也为硬质塑料管；支管为口径 0.6～1.0 厘米的塑料软管，下接散气石。

（3）**散气石** 一般长为 3～8 厘米、直径 2～4 厘米，多采用 200～400 号金刚砂制成的砂轮气石。

11. 加温设施 主要使用锅炉加温。北方育苗多用蒸汽锅炉加热，热气通过池内的管道使池水升温，加热管呈环形设置，管道以不锈钢管和钛管为好。若使用铸钢管，为防止管道生锈，需涂敷环氧树脂，并用玻璃纤维布包裹。加热管一般距离池壁、池底各 20 厘米，每池单独设置控制通气量的气阀，也可采用控温装置调控温度。南方育苗多用热水锅炉增温，锅炉大小容量依育苗水体而定。送热水进池的水管和出池的回水管为镀锌管，装在池里的散热管为钛管或不锈钢管。每个池装有调节开关控制热水的流量。镀锌管和散热管之间用塑料软管连接。

12. 供电设施 应安装三相动力电，有相应的配电室。此外，为了防止无动力电供应，还应安装 1～2 台三相发电机，保证 24 小时的电力供应，发电机功率的大小依场中需电量来确定。

13. 实验室 育苗场必须建有实验室，以分析育苗过程中的水质状况和幼体发育情况。通常配备的仪器应包括：观察虾苗的显微镜和解剖镜；监测虾苗水体理化指标的分光光度计、溶氧测定仪、比重计、温度计；检测弧菌的无菌操作台、灭菌锅、恒温箱；检测虾体病毒的 PCR 仪（如无条件，应配备病毒快速检测试剂盒）。

第二节　养殖场的选址及建造

养殖场是养殖生产的场所，养殖场地的选择、规划、设计合理与否，直接关系到养殖的投资、产量、成本和经济效益等实际问题。因此，因地制宜、统筹安排，有利于生产，互不干扰与污染，各自成系统、自流化、先进化、高效低耗，使用方便、确保质量和安全为养殖场建造的原则。

一、养殖场的选址要求

1. 地形地貌　养殖场应建在地形相对稳定处。我国南方沿海地区，受台风影响多，要选择风浪小、地势平坦、滩面开阔、潮流畅通的内湾及河口沿岸。同时，要避免将养殖场建在海边防护林地带。

2. 水质条件　有适合于南美白对虾的水源，而且数量充足，排灌方便；酸碱度、盐度、溶解氧、混浊度重金属等主要水质指标符合《无公害食品　海水养殖水质》（NY 5052）或《无公害食品　淡水养殖水质》（NY 5051）的要求；水质不会受到周边工厂、农田或居民生活污染的影响。

3. 土壤性质　如果建成的池塘上面铺设地膜或浇灌水泥，只需要土壤满足结构自然、不易垮塌的要求即可。除此之外，地膜池不应选在土壤中含石头较多的地区。

建造一般土池，土壤的 pH 应在 7.0～9.0，并且呈自然结构，无异色、异臭。土壤中有害物质应符合表 2-1 的要求。

表 2-1　养殖场底质中有害物质最高限量

项目	指标（毫克/千克，湿重）	项目	指标（毫克/千克，湿重）
总汞	≤0.2	铬	≤50
镉	≤0.5	砷	≤20
铜	≤30	滴滴涕	≤0.02
锌	≤150	六六六	≤0.5
铅	≤50		

4. 气象条件　光照充足，水温适合南美白对虾生长；了解风向情况，以确定池塘进、排水口和增氧机的位置。

5. 生物资源 了解敌害生物、病原宿主生物的种类、数量、繁殖期，尤其是不能建在赤潮高发地区；调查饵料生物资源量，粗养、半精养虾池选择蓝蛤、卤虫等比较丰富的地区建场。

6. 社会条件 社会治安稳定，劳动力资源丰富，生活用水等生活条件方便，交通便利，通讯发达，电力供应充足。

二、养殖场的设施建造

养殖场的各项设施应布局合理，既要相对集中，便于使用，又要避免相互干扰，从而节省资源和劳力，降低养虾成本，发挥最佳生产效益。

在规划设计中，特别要注意减少相互污染，排、进水系统要分别独立。排水口远离进水口，废水要经过处理后才能排入海区，减少交叉污染。同时，要考虑自流化，即沉淀池应建在养虾池的上部，以尽量做到进水自流化。

1. 堤坝 在易受潮汐或洪水、风浪影响到的区域，需修建宽大坚固的堤坝。堤坝的高程，一般高于历年当地最高水位1米以上，堤坝宽度应在4～5米以上，若是交通要道，堤坝宽度要达6米以上。外坡度应为1：3，内坡度应为1～2：3。具体坡度还应根据土质而定，沙质土坡度应小一些。外坡面宜用石砌或混凝土建造护坡。内坡面应根据土质情况，若是黏土土质，条件限制，可以夯实种植草皮起护坡作用；若是沙泥或沙质，易渗水，易崩塌，也需用石砌护坡或混凝土结构。

2. 池堤 虾池之间分隔的内堤，一般为土壤构成，少数为混凝土或砖石砌成。堤的宽度应根据具体情况而不同，通常顶宽3～4米，若是交通通道或水渠边，堤顶宽度应为5米以上。堤高度高于最高水位0.6～1米。壤土结构的坡度为1：2～2.5，为了减少水流的冲刷，有条件的可用砖石或混凝土块砌坡，或者在堤顶种植耐盐性植被，以保护堤坝。

3. 养虾池　由于养殖模式、养殖水平和条件的差异，养虾池主要分为以下几种：

（1）"鱼塭"养虾池　在近海地区筑堤围坝形成滩涂生态大池塘，面积较大，多在6～8公顷以上，设立水渠和闸门，利用潮汐进行纳、排水。在南方地区称此为"鱼塭"养虾池，北方地区称为"港养"虾池。

（2）"低位"养虾池　一般是在海滩围堤而成，直接放水进出，但必须池底平整，进、排水容易，能全池排干，以便清淤、晒池、干池清毒和防漏，达到养殖对虾的标准，每口池塘面积在0.67～2.67公顷。

（3）"高位"养虾池　形状以正方形或近正方形为多数，虾池四角为圆弧状，圆弧半径为2～3米。排水口设在池中心最低处，废水通过埋设在池底的管道向外排出。有条件的养殖单位，可采用高强度HDPE塑胶地膜，人工热黏结铺设覆盖整个虾池，包括池底和池坡。地膜虾池的水质比较稳定，不受底质的影响，清理池底既方便又彻底，可减少污染和病害的发生。高位池的面积以0.2～0.4公顷为宜，池塘设计深度约3～3.5米，最大蓄水深度2.5～3米。

（4）海水半精养虾池　在潮间带或潮上带修筑或挖虾池，每口池塘面积多在0.4～10亩，有进、排水闸，设置数台增氧机。

（5）淡化养殖池　在河口和淡水资源丰富的地区，可采用半封闭淡化养殖模式进行对虾养殖。养虾池的结构与海水半精养池塘差别不大，放苗前在虾池的一角用塑料薄膜设置一个封闭的小水体围隔，用高盐度海水或海水晶调节小水体的盐度，使之接近出苗时虾苗场的水体盐度，用于虾苗的标粗养殖。

4. 进水系统

（1）过滤设备

①砂滤井：为高位池采用，建在高潮线附近，深度为6～10米，一般为8米左右。井底低于最低低潮线1～2米，砂滤井内

径 6 米左右，在底部井壁留有进水孔，外连内径为 60～80 厘米的 PVC 管 6～8 根。管上有直径为 4～6 厘米的孔，外包 20～40 目筛绢网，防止沙子堵塞管道。沙层厚度不少于 1～2 米，沙子为自然沙。

②PVC 管五联井式过滤结构：为高位池采用，主要包括 5 条内径 40～50 厘米的 PVC 管井，然后集中至一条内径 50～60 厘米的 PVC 管（外包 20～40 目筛绢网），通过提水设备提至进水主管道，一般 PVC 管井深度为沙层以下 2～3 米，过滤效果及原理与砂滤井基本类似（图 2-1）。

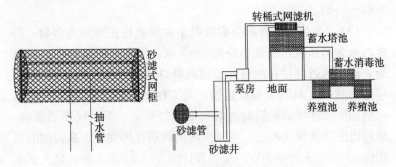

图 2-1 PVC 管五联井式过滤结构

③过滤网：对于供水完全依靠潮汐进行而无需人工提水的池塘，必须从闸门到进水口逐级安装 40 目、60 目、80 目的筛绢网。

（2）进水闸或进水口 池塘供水依靠潮汐的，一般使用进水闸来控制进水量。养殖场的进水闸是进水的咽喉，至关重要，同时也是水流冲刷力较大的地方。因此，建闸处应选在底质坚固处、压缩性小和承载力大的地方。进水闸底应比虾池底至少高出 20～30 厘米。高位池一般将进水口设置在高潮线附近，通过机械提水将水抽入进水渠。进水闸与进水口都应尽量设在水源上游，以避免水源受自身污染。

（3）进水渠道 可在池堤的顶部用混凝土铺设明渠，进水明渠流经每个养殖池设一分水口，内设一闸门，可随意调节进入养殖池的水量。也可以使水源通过设在地面或地面以下的PVC管，由分水口直接流入池内。明渠渠道断面面积的大小和PVC管的大小，根据养殖场地水流量的大小来确定。

5. 排水系统 高位池采取中央排水系统，由池底部排污口、底部排水管道和排水渠组成。排污口设置在池底中央，与池底埋设的排水管道连接，通到排水渠，这种排水方式可有效提高排污效果。排水渠的规格、流量应设计得稍大一点，以便能让多个虾池的排水同时进行。一般土池通过在池塘下风处设置排水口或排水闸来排水。

6. 蓄水消毒池 这是目前健康养虾的必需设施。通常，蓄水池水容量为总养殖水体的5%～10%。为处理水方便，3～5个养殖池可配备一个蓄水池。蓄水池内可以放养一些滤食性贝类、肉食性鱼类和净水植物。在疾病流行期，蓄水池也可使用消毒剂处理水体。蓄水池必须建有排水闸，以利于定期干池清污消毒。

7. 废水处理池 为了减少交叉感染、降低养殖生产对环境造成的污染，近年来提倡养虾废水要经过净化处理后才能排入海区，目前已得到众多养殖场的响应。废水处理的程序是：将养成池的水排出后，进入废水处理设施，再入废水池，经过物理、化学和生物的方法净化处理，达到排放标准后，方能排放。

废水处理池的面积，通常为养虾池面积的5%～10%。处理形成的沉积物可堆放在空地，用作农业肥料等，但绝不能移入海区或池边，造成水域的污染，影响海区的水质。

8. 增氧设施

（1）增氧机 增氧机的使用，能提高虾塘水体与空气的交流和浮游微藻光合作用速率，增加溶氧量；施肥、施药时，开启增氧机可将水体搅拌均匀。通过合理布设开启增氧机，能使池水以一定的流速形成环流，而使污物集中在池塘的中央区域，高位养殖池的污物可随排水排出。目前，常见的增氧机有叶轮式、水车式、潜水式和射流式等几种，各自的工作原理和效果特点见表2-2和图2-2至图2-5。

表2-2　几种增氧机的工作原理及作用效果

增氧机类型	工作原理	效果特点
叶轮式	推动池水上升，使表层水和底层水发生对流	提高底层水体溶氧、改善水质效果明显，可用于深水大池
水车式	搅动表层水，使之与空气增加接触	搅动水体能力强，但不会搅动底泥，适用于水浅的池塘
潜水式	水泵通过吸气管吸入空气，经过高速旋转的叶片将空气推送至水中，使空气和水高度混合形成雾状气泡，达到了增加溶解氧和净化水质的作用	增氧能力较强，适合与水车式增氧机配合使用
射流式	由潜水泵和射流管组成，水泵里的水从射流管内的喷嘴高速射出，产生负压，吸入空气，水和空气在混合室里混合，然后由扩散管压出，溶解氧就会随着直线方向的水流扩散	在水面下没有转动的机械，不会伤害对虾，很适合养虾密度大的深水虾池使用

图2-2　叶轮式增氧机

图 2-3 水车式增氧机

图 2-4 潜水式增氧机

图 2-5 射流式增氧机

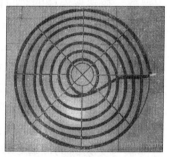

图 2-6 底部增氧气盘

（2）新型底部增氧设施 为了提高虾池底部的溶氧量，近几年较多养殖户开始使用微孔曝气管增氧方式。使用该方式增氧需具备的硬件为充气机、送气管和散气管，可有效提高增氧效率，增加底部的溶解氧。充气机常用的有罗茨鼓风机和空气压缩机。送气管多使用 PVC 管，主要分为主管、分管及支管。在前几年使用 PVC 管作为散气管，近几年较多使用微孔曝气管，微孔曝气管的排列方式可分为盘状排列和条形排列。条形的排列是将较长（一般是 5~50 米）的微孔曝气管布设在池塘底层，固定并连接到输气的支管上，要求微孔曝气管距池底 10~15 厘米，呈水平或终端稍高于进气端。盘状排列需先用钢筋、塑料或竹片制成圆

形框架，框架大小依微孔管的
长度而定，管长一般是30～50
米，圆框直径1～1.5米，把
微孔管固定在框架内，进气管
口留在圆框中间，与支管连接
进气，终端口封盖；盘状曝气
管用悬浮物吊入底层水中，捕
捞时便于用绳子牵引到一边
（图2-6、图2-7）。

图2-7 底部增氧管

9. 保温棚 对虾在进行反季节养殖时，需在池塘上方搭盖保温棚。搭建保温棚的时间根据各地的气候特点，一般选择在冷空气到来前搭建完毕。广东、福建地区通常在9月下旬开始搭建，11月上旬左右完成搭建工作，翌年气温稳定升至23℃以上时拆除。保温棚的材料，主要包括竹木或水泥柱做成的支架、钢缆或尼龙绳、塑料薄膜、尼龙网等。要求所搭建的支架坚固、稳定，能支撑起成人在上面走动。塑料薄膜可选用透光性强的白色薄膜，厚度可根据当地的气候情况灵活选择。铺膜时应该特别注意薄膜与支架间的固着，以免间隙处漏雨，或经风吹散落（图2-8）。

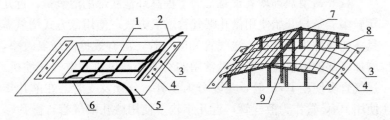

图2-8 对虾养殖池的越冬棚结构示意图
1. 养殖池 2. 送氧管路 3. 钢丝绳接头 4. 钢丝护蹄
5. 排污管 6. 中央排污管路 7. 支架木桩 8. 钢丝绳网 9. 主木桩

10. 备用发电机 为确保养殖生产的正常进行，养殖场应自备 2 台功率与全场用电负荷相匹配的发电机组，以便在电网停电时能保证养殖场的正常供电，一台运转发电，一台备用。

11. 实验室　建立水质分析实验室，备有盐度比重计、透明度盘、pH 计、氨氮测试剂、亚硝酸盐测试剂、溶解氧测定仪和生物显微镜等，并准备好水质记录本进行日常监测。

12. 其他　还应配备饲料仓库及储物间和生活办公区，以满足养殖投入品的存放及人员的正常工作、生活。

第三章

虾苗孵化

第一节 亲 虾

一、亲虾的来源和质量要求

用于人工繁殖的亲虾，其来源有两方面的要求：一是从国外原产地或良种场引进的达到性成熟个体；二是由国内持有相关资质的亲虾养殖场培育成的亲虾。目前，国内很多繁育场为了节省成本，直接购买虾池养成收获的成虾，经过 2～3 个月的暂养，留用个体大的作为人工繁殖的亲虾。这种方法育出来，就是通常所说的"土苗"，一般来说是不提倡的也是不合适的，因为没通过严格的选育，极可能将携带病原体的成虾用于繁殖，孵出的幼体和虾苗可能带病或携带病原体，为以后的养成带来隐患。

最好是使用进口原产地亲虾或国内单位经过严格选育的亲虾，且按有关规定检疫合格，不携带特异性病毒，尽量挑选个体大、体壮、附肢完整、无外伤和体色正常的亲虾，具体质量要符合表 3-1 的要求。

表 3-1 南美白对虾亲虾质量要求

序号	项目	指　标
1	体长	达到繁殖要求：雄性体长 15 厘米以上；雌性体长 16 厘米以上
2	体重	达到繁殖要求：雄性体重 40 克以上；雌性体重 50 克以上
3	体色	甲壳薄，有光泽，晶莹透亮，呈淡青色或浅青色

（续）

序号	项目	指 标
4	体表	光洁，无附着物
5	活力	对外界刺激反应灵敏，活动有力
6	伤残	甲壳、附肢完好
7	疾患	无红肢、烂鳃和烂尾等症状，不携带白斑综合征病毒（WSSV）、桃拉病毒（TSV）和传染性皮下及造血组织坏死病毒（IHHNV）等特异性病毒
8	交接器	交接器完好，无破损

二、亲虾的暂养与培育

从境外进口的南美白对虾亲体或来自养殖的南美白对虾亲体，必须通过 PCR 检测为阴性再进行挑选（表 3‑1）。亲虾通常要进行暂养培育，以保证有充足和优质的亲虾用于育苗生产。一般具有室内暂养培育池，其培育密度在 30～40 尾/米² 左右，但在暂养后期，随着水温升高，须将亲虾及时疏散培育，培育密度为 20～30 尾/米² 左右，以免影响亲虾的性腺发育。雌、雄亲虾的选择比例为 1∶1～1.5。

从亲虾专养池或养成池按雌雄 1∶1～1.2 的比例，挑选健壮、无外伤的对虾作为亲虾（雄性个体在 15 厘米以上、雌性个体在 16 厘米以上），雄虾要求精荚乳白色，较饱满。亲虾入越冬池前应进行检疫和消毒。检疫方法是随机取样 50～100 尾，用 PCR 法检测有无携带特异性病毒，携带病毒者不能作亲虾使用。用 300 毫升/米³ 的福尔马林，对入池的所有亲虾进行 3～5 分钟药浴。入池时池水温差不能大于 2℃，盐度差不能大于 3，亲虾不能有外伤，越冬池水深 0.7～1.0 米左右。亲虾入池后逐渐将水温提升到适宜的温度。在越冬期间，亲虾体长仍有增加。

1. 暂养环境的控制　水温在 20～25℃条件下，每尾虾日摄食量控制在体重的 5％，翌年初开始升温，具体视生产安排而定，每 5 天提高 1℃左右，直到水温达 25～26℃。此时亲虾体质好，肌肉结实，性腺开始发育，即可开始准备产卵育苗；亲虾人工越冬培育生产的最适盐度范围是 25～32，不应低于 20；越冬期间使用鼓风机充气增氧，保持溶解氧在 5 毫克/升以上；为避免水质变化和藻类繁殖乃至附生于亲虾体表，光线不宜过强，以 500～1 500 勒光照强度为宜。

2. 暂养管理　用水须经过充分沉淀，严格过滤，盐度以 25～32 为宜。室内越冬的水质管理主要以吸污、换水为主，每天下午将池水排至 40 厘米后吸污；吸污时充气量要小，操作要轻，尽量不使亲虾受到惊吓，吸污完成后慢慢注水，恢复到原来水位，温差不能超过 0.5℃。根据水质状况，每 7～10 天移池 1 次。移池时，用 300 毫升/米³福尔马林药浴亲虾。亲虾越冬期间水温不能低于 20℃，以 22～25℃为宜。当水温低于 18℃以下时，雄虾性腺发育慢，易发生"黑精"现象。

第二节　催熟与交配

一、亲虾催熟培育

亲虾培育的密度不宜过大，过大会抑制其性腺发育，考虑生产成本，放养的密度要适中，培育的密度一般是 10～15 尾/米²，有条件的可适当将密度调低，放养 5～10 尾/米²。

1. 催熟的方法　通常使用剪眼柄，同时加强营养就可以达到催熟目的。目前，多采用减弱 X-器官功能的办法，其最早的办法是切除一侧眼柄，也有人主张用针刺入眼球内，用挤压法破坏 X-器官。以上两种方法均可造成创口，甚至致虾死亡。目前使用的镊烫法，可防止体液流出，减少细菌感染，提高对虾成活率。此法简便易行，现已广泛应用。切除单侧眼柄，可促进对虾的性腺发育，这种方法在世界上被普遍用来催熟多种对虾，且行之有效。切除对虾单侧眼柄的方法有许多种，在生产上应用最多、操作简单和方便可行的方法是镊烫法，用酒精灯将中号医用镊子烧热，夹烫亲虾一侧的眼柄中部，待眼柄变白、微焦时停止加热，放回水中，数日后眼柄自行脱落。

镊烫法切除对虾单侧眼柄操作方法：①准备镊子2把，酒精喷灯1盏（可用酒精灯或煤气炉代替），捞网1把；②预先把培育池中的水温调至与暂养水温（27～29℃）相一致，然后施浓度为1～2毫克/升的土霉素，以预防手术后细菌感染亲虾；③具体操作需2～3人，其中一人用酒精喷灯烧红镊子，一人负责捉拿亲虾，另一个人用烧红的镊子灼烫亲虾左侧眼柄，将眼柄烫至扁焦即可。镊烫亲虾单侧眼柄后，轻轻地放入培育池中。

镊烫法切除对虾单侧眼柄注意事项：①捉虾时动作要轻、稳，不要让亲虾弹跳；②镊烫眼柄时要认准X-器官窦腺的位置，把它烫至扁焦；③刚蜕壳的虾不能做手术，否则会引起死亡。

摘除眼柄的时间很关键，X-器官可能对卵母细胞卵黄的积累有抑制作用，所以，在卵巢的小生长期末或大生长期初进行手术最为适宜。

2. 加强营养　营养是性腺发育的物质基础，进入大生长期的卵巢是卵黄积累时期，成熟卵巢可达亲虾体重的23%，其主要成分是卵黄物质，化学成分是卵黄磷脂蛋白，这些物质主要靠从食物中摄取，也有一小部分由体内肌肉等处积累的营养物转化而来，所以此时应投喂富含蛋白质和磷脂类的食物。生产中多以沙蚕、贝肉、乌贼肉和蟹肉等为饵料，可促进性腺发育。卵巢进入大生长期的亲体食欲旺盛，食量增加，在体质健壮和环境适宜的条件下，日摄食量达体重的18%以上，所以，此期保证亲虾食物的质量和数量至关重要。

关于产卵的诱导方法，像亲体换池、升温、流水均有诱发产卵的作用，但关键还是性腺充分成熟才能产出高质量的卵子，所以生产中主要是靠精心饲养亲体，让其自然产卵。

二、交配

雄虾性腺发育成熟便能与雌虾交配。南美白对虾属于开放式交接器的对虾类，精荚位于第 4～5 步足之间。交配是在雌虾性腺未成熟时进行，一般在暂养越冬期或催熟培育过程中，多在产卵前 2 小时内；交配前的成熟雌虾并不需要蜕壳。雄虾也可以追逐卵巢并未成熟的雌虾，但只有成熟者才能接受交配行为。新鲜的精荚在海水中具有较强的黏性，因此，交配过程中很容易将它们粘贴在雌虾身上。

对虾交配一般发生在夜间，其求偶和交配一般可以观察到三个显著阶段。第一阶段，雌虾在上面，雄虾在下面，雌雄虾平行游泳。雌虾在池底保持一种运动或静止的位置，向上游，达到 20～40 厘米深度，雌虾运动稍弯曲，运动距离超过 50～80 厘米，然后变化活动路线，或者翻转方向，旋转成直角，这些运动在水底持续几秒到几分钟；或者游泳、或者静止，这时雌虾便接近 1 尾或 3 尾雄虾，雄虾跟踪在雌虾后面游泳，最后有 1 尾雄虾抱住雌虾，雌虾的步足抱住雄虾的头胸甲而继续运动，直到雌雄虾步足相互配合，保持交配的理想位置，这一阶段时间最长，可能持续 0.2～3 小时。第二阶段，雄虾旋转腹面向上，紧抱住雌虾并与雌虾一起游泳。雄虾急转腹面向上，与雌虾胸腹结合，一旦达到雌、雄虾腹面对腹面的位置，结合得比较牢固，另外的雄虾就很难取代这一尾雄虾。第三阶段，雄虾旋转垂直于雌虾。一旦雄虾腹面成功地紧贴于雌虾，就旋转胸部后端一点的位置呈垂直于雌虾的状态，这种结合成对地在水中保持一定位置或可能沉到水底。然后，雄虾体呈弓形，围绕雌虾胸部，头、尾轻拍，雄虾进而弯曲身体呈 U 形，围绕雌虾胸部，头尾同时轻拍，表示紧握交配动作，连续 3 次，其动作很快，持续几秒钟，然后雌、雄虾分离。

交配可能取决于雌虾释放的一种或多种信息素来吸引雄虾。据报道，完全暗色或强光会阻止南美白对虾交配，在小池中可能会使南美白对虾交配成功或交配次数受到限制。注意事项：①在亲虾交配期间不要惊扰亲虾，以免影响其交配活动；②亲虾交配时要配备足够的成熟雄虾，雌雄比例应保持 1：5 左右；③池水深度最好保持在 50～70 厘米，水太浅不利于亲虾的追逐，影响交配；④及时转移已交配的雌虾，若交配亲虾留在池中太久，已交配的雌虾被雄虾追逐多次后精荚易脱落。

第三节　产卵与孵化

一、产卵

1. 产卵池的准备　在移放产卵亲虾之前，要将产卵池清洗干净，然后消毒、加水、升温和调节盐度等，尽量保持与亲虾培育池的环境一致。并加入 3～5 克/米³ 的乙二胺四乙酸二钠，调节好充气量，把气量调至微波状。

2. 移放产卵亲虾　移入产卵池中的雌虾量不能太多，根据产卵量的不同来确定。每天傍晚检查交配池中雌虾的交配情况，已交配的用捞网轻轻捞出，用浓度为 200 毫升/米³ 的福尔马林溶液浸泡 1 分钟，冲洗干净后放入产卵池中，已交配雌虾的密度以 4～6 尾/米³ 为宜。

3. 产卵时间　对虾类多数是夜间产卵，南美白对虾是可以多次产卵的对虾，一般前期多在上半夜产卵，后期多数在下半夜产卵。产卵时，雌虾在水的中上层一边游动，一边将成熟的卵子从生殖孔放出，同时，贮存在纳精囊中的精子也释放水中，精卵在水中受精。健壮的雌虾，游泳足始终配合着产卵不停地划动，使产出的卵子均匀地分布，如果雌虾体弱，匍匐于水底产卵，游泳足划动无力，常使产出的卵子黏成块状，影响卵的受精与孵化。通常，产卵过程仅需 2～5 分钟。南美白对虾具有多次产卵的特性，在繁殖期内间隔产卵，每次间隔一般为 3～5 天，每次产卵量为 10 万～20 万粒，亲虾可连续使用 4～6 个月。

对虾类的卵为沉性卵，密度稍大于海水，静水时沉入水底，动荡时即悬浮水中。刚产出的卵不规则或呈多角形，以后逐渐变成圆球形。

4. 产卵后的处理　产卵后，要及时捞出亲虾，放回原培育池中继续培育。将产卵池中的污物清除，若产卵池水中卵的密度超过 50 万粒/米^3，要换水洗卵，换水量 3/4 以上，加入的新鲜海水尽量与原池的水保持同温度、同盐度，同时加入乙二胺四乙酸二钠，使其在水中的浓度为 2～4 克/米^3；若池中卵的密度小于 50 万粒/米^3，可酌情换水或不换水。

5. 洗卵与卵子消毒　目前，对虾养殖病害成灾，许多疾病都是通过母体的排泄物，将病毒和细菌等传给下一代。所以，许多学者提出了无病毒虾苗生产技术，其方法之一是切断亲体与幼体之间的传染途径，即进行洗卵或卵子消毒及消毒海水培育等。洗卵是将收集的卵子，先用 30 目筛网滤去残饵及粪便，再用洁净或消毒海水冲洗 3 分钟，冲洗去黏附于卵子表面的病毒及细菌，再放入培育槽孵化及培育。试验认为，漂粉精（含有效氯62%～66%）、碘液（2%）等都可用做卵子的消毒，而以漂粉精最为理想，卵子对其忍受浓度远远超过其杀菌浓度。

二、孵化

1. 孵化密度　为了保证高的孵化率，卵的孵化密度不宜太高，一般为 30 万～80 万粒/米^3。也有将卵子收集在专门的孵化桶内，高密度孵化，孵化密度 8 000 万粒/米^3，孵化率可达 90%。

2. 充气量　为了保证胚胎发育的正常进行和孵出幼体的质量，

在孵化过程中必须有充足的氧气供应，水中溶解氧应达 5～7 毫克/升，一般要求孵化池中布设气石 1 个/米^2，充气使水呈微波状。

3. 孵化管理　孵化期间水温保持在28～30℃。每 1～2 小时用搅卵器搅动池水 1 次，将沉于池底的卵轻轻翻动起来。在孵化过程中及时用网捞出脏物，并检查胚胎发育情况。在水温 28～30℃，受精卵经 13～15 小时孵化出无节幼体。

三、无节幼体的收集与计数

幼体全部孵出后，用 200 目的排水器排出 2/3 左右的水，使池水深度 40～60 厘米，在集幼体槽中放置 200 目的网箱，通过网箱来收集幼体，除去脏物，移入 0.5 米^3 的幼体桶中，微充气。

加大充气量，使幼体分布均匀，用 50 毫升的取样杯，在 0.5 米^3 水体的幼体桶中取样计数，按下式计算幼体数量：幼体总数＝取样幼体数×10^{4}尾。

第四节　胚胎及幼体发育

一、胚胎发育

南美白对虾卵子呈球形，黄绿色，稍透明，卵径 0.27～0.31 毫米，平均为 0.29 毫米，为沉性卵。受精卵经 2 细胞期、4 细胞期、囊胚期、原肠期、肢芽期、膜内无节幼体期直到孵化出无节幼体，其发育速度随温度等环境条件而变化，在水温28～30℃、盐度 28～33 条件下，经 12～13 小时孵化成无节幼体。

二、幼体发育

幼体发育具有多阶段的特点，由卵孵化出无节幼体，需经

12次蜕皮才能发育成仔虾，又经14次或更多次蜕皮发育成幼虾（体长约3厘米）。每蜕皮1次变态1次，也就分为1期。根据它们的形态构造，可将幼体的不同发育阶段，分为无节幼体期、溞状幼体期、糠虾幼体期和仔虾期。

1. 无节幼体 无节幼体共分6期，身体不分节，具3对附肢，即第1触角、第2触角和大颚。刚孵出的无节幼体，体长0.32~0.33毫米，其外观颇似小蜘蛛，略有游动能力，趋光性强，口器和消化器官尚不完整，不摄食，靠自身卵黄作为营养。

2. 溞状幼体 溞状幼体共分3期，头胸部及躯干部已趋于分明，体躯前部宽大，后部细长。此期幼体具有头胸甲，体已分节，有7对附肢，并出现较完整的口器和消化器官，靠摄取外界饵料生长。溞状幼体Ⅰ期的体长为0.91毫米左右。

3. 糠虾幼体 糠虾幼体共分3期。头部和胸部紧密结合，构成宽大的头胸部，腹部各节增大，尤以第6腹节显著增长，头胸部与腹部的分界明显，各部附肢俱全，已初具虾形。此期幼体的体长3.4~4.4毫米，在水中头朝下、尾朝上，呈倒立状态，悬浮于水的中层，其运动主要靠腹背弓弹，胸部附肢亦起游泳作用。食性由溞状幼体的滤食性为主转为捕食为主，主要摄食浮游动物，如轮虫和丰年虫无节幼体等。

4. 仔虾期 又称幼体后期。体形构造与幼虾相似，随着一次次的蜕皮，体躯逐期增大，各部形态构造逐渐完备，额角的上缘小刺逐渐增多，下缘小刺也逐渐出现和增加。刚形成仔虾的幼体体长约0.5厘米。仔虾的运动主要靠游泳足，由于触角基部出现了起保持身体平衡作用的平衡器，故能作水平运动。中期仔虾（约自第5期仔虾开始）趋向底栖习性，对底栖生物和浮游生物均能摄食。后期仔虾（约自第10期仔虾开始）即转为底栖习性，以摄食底栖性和沉降性饲料为主。

第五节　虾苗培育技术

一、育苗设施

1. 育苗室　为了避免日光的直射及降雨对幼体的影响，南美白对虾的孵化培育一般都设置在室内。针对无节幼体和溞状幼体具有趋光特性，为防止它们聚集在池内的某一部位排粪、纠缠死亡，育苗室的照度应控制得较暗，光线要均匀，因此一般室内房顶不开设天窗，而只在四壁开设窗户，以利于通风和用窗帘调节光度。

2. 育苗池　以面积 5～20 米^2、水深 1～1.2 米左右为宜。育苗池应为长方形，池壁顶面高于地面 50 厘米左右，池的四角抹成弧形，池底向排水孔以 3‰ 的坡度倾斜，排水孔设在池的最底处，孔径一般为 6～10 厘米。每个育苗池都应通有输水管道和充气管道，管道的安装要便于操作，容易维修和坚固安全。

3. 饵料培养池　分为单细胞藻类培养池和丰年虫孵化池，池子均应靠近育苗室，以方便投喂。单细胞藻类培养池大小为 10～15 米^2，水深 50～80 厘米，南方温度高，水深以 1 米为好；丰年虫孵化池多采用 0.5 米^2 的塑料桶，也有用直径 1.5～2 米、水深 80～100 厘米的圆形水泥池。饵料培养池也要具有输水管道和充气管道。

4. 供水设施　包括沉淀池、砂滤池、水泵及进出水管道、阀门等。沉淀池可分隔成 2～3 个，以便轮换使用，总容水量一般为育苗总水体日最大用水量的 2 倍。

供水所用的管道忌用铁管、钢管、铝管和亚铝镀钢管等，而必须采用对南美白对虾幼体无害的石棉管、硬塑料管、水泥管或聚乙烯管。

在浮游生物种类组成适于用作虾苗饵料的海区，若水质清新，无工业污水污染，进水在沉淀池中沉淀 24 小时后，用200～

250目的双层筛绢过滤，可直接作为育苗用水。而在敌害生物较多、水质较混浊的海区，育苗用水要经沉淀—砂滤—泡沫分离—精密过滤等后，才能使用育苗用水。

5. 充气设施　进行南美白对虾的种苗生产，充气设备是不可缺少的。目前，大多数育苗室都采用罗茨鼓风机供气，其优点是风量大，压力强，气体不含油污，适合育苗场使用。一般水深1.5米的池子应选用罗茨鼓风机，送气配管使用5～7.5厘米的亚铝镀锌钢管或硬质塑料管，充气支管可用塑料软管，管的末端装散气石。软管的长短以散气石能够均匀分布为佳。散气石宜为圆筒状，长5～10厘米，直径2～3厘米。散气石的气孔越细，越能使水中溶解氧量提高，但气孔容易被藻类等堵塞，必须经常换洗。各育苗池所用的散气石必须型号一致，以使出气均匀。散气石的用量为水池底面每平方米设1个。此外，育苗室必须自备发电机、柴油机，作为停电时应急之用。

二、虾苗培育

1. 育苗池的处理　育苗池以及与育苗有关的其他池子，使用前必须浸泡和刷洗干净，尤其是新建水泥池还须多次浸泡刷洗，使池水pH控制在8.6以下，并且短期内无明显变化方可使用。

池子刷洗干净后，用药品消毒，以杀灭细菌等有害生物。一般用40～50毫克/升的漂白粉溶液或用100～200毫克/升的高锰酸钾溶液消毒池子，然后再用过滤海水冲洗干净备用。

2. 幼体的培育管理

（1）培育密度　幼体培育密度不宜过大，否则由于排出的粪便多，容易污染水质，尤其是仔虾后期具附壁现象，若培育密度过大，常会出现互相残杀。一般无节幼体以每立方米水体6万～12万尾，溞状幼体5万～10万尾为宜。

（2）水质控制　水温在30～33℃；盐度幼体前期为28～33，

后期逐渐降低到14～25；pH在7.8～8.7；溶解氧在6～8毫克/升较为适宜。水温过低，幼体发育缓慢，会影响成活率；而盐度逐渐降低，能加速幼体的蜕壳，促进幼体的生长。此外，有条件的育苗室，最好能定期测定氨、亚硝酸盐、硫化氢等有害物质在水中的浓度，以便确保幼体正常的生长发育。

（3）充气量　育苗过程中充气是必不可少的。因为随着幼体的生长发育，水中的残饵和粪便等有机物质大量分解，耗氧量不断增大，静水中的溶解氧已无法满足育苗所需，而氧气充足，不但有利于水质的净化，还可保持pH不致过低，提高育苗成活率。因此，在整个育苗过程中要注意调节好气量。一般在无节幼体期，气量可小些；在溞状幼体期由于耗氧量剧增，应将气量适当增大，一般气泡扩散直径在0.5～1.0米；在糠虾幼体期，气量要使水表面呈沸腾状；而到了仔虾期以后，气量要加到最大，使水面呈激烈沸腾状。

（4）光照　溞状幼体期最惧强光，忌直射光线，在强光照射下，影响幼体摄食。因此，这一阶段必须以窗帘调整光度，或直接加盖黑布等遮蔽物在育苗池上，使光照强度保持在500～1 000勒为宜。到了糠虾幼体期以后再逐渐增大光照，仔虾期可完全打开窗户，让太阳光直接照射，以锻炼其对外界环境的适应力，提高放养后的成活率。

（5）投饲　南美白对虾育苗常用的饵料有单细胞藻类、配合饲料和丰年虫无节幼体等。单细胞藻类是溞状幼体期的优良饵料，尤以硅藻类的角毛藻和直链藻最为适宜。

南美白对虾苗比其他对虾苗的食量大，因此在投喂量上需适当增加。在溞状幼体I～II期每天投喂角毛藻，再加B.P或蓝藻粉0.5～1.5克/米^3，投喂轮虫5～10个/毫升；溞状幼体III期适量投喂卤虫无节幼体；此外，还可投喂其他配合饲料，尽量使饵料多样化，营养均衡。糠虾幼体I～III期，每天每个糠虾幼体投喂卤虫无节幼体数量为40～80个，同时投喂虾片1.0～3.0克/米^3，B.P

粉 1.0～1.5 克/米³；仔虾期每万尾仔虾每天投喂虾片 3～8 克，丰年虫无节幼体每尾虾投 100～300 个，仔虾后期还可以投一些蛤肉等；每天分 6 次投喂（0：00、4：00、8：00、12：00、16：00、20：00 各投 1 次），每种饲料的投喂间隔为半小时。此外，在溞状幼体期至糠虾幼体期应投喂一些硅藻，以调节水质，可提高虾苗的成活率。每次投喂量的增减，应在投喂前用显微镜检查虾的肠胃是否饱满，并结合水质等情况来综合考虑，加以调整。

（6）虾苗的出池与计数　仔虾体长全部达到 0.8 厘米以上时，方可出池。出苗时，先用虹吸法将育苗池的池水排出大部分，降低水位，再在集苗箱挂上 40 目的筛绢网，放在排水口处将排水口打开收集虾苗。放水时注意流速不要太大，以免挤伤虾苗。虾苗的计数有重量法、容量法和干量法等。重量法是称取一定重量的虾苗，计算出个体数量，然后再称出所有虾苗的总重量，从而得出虾苗的总数量；容量法是将虾苗集中于已知水容量的玻璃缸内或塑料桶内，充分搅匀后随机取样 3 次计算，求得样品的虾量，从而计算出虾苗总量；干量法是用一个能滤水的量苗杯，每袋装苗 1～2 杯，然后抽出 1～2 袋虾苗计数，算出每袋虾苗的数量，再求总数。在南方通常使用干量法计数。

（7）强化培育

①虾苗的规格：南美白对虾达到 P_7～P_8（0.7～0.8 厘米）时可进行强化培育，直到 P_{12}～P_{15}（1.2～1.5 厘米）的规格。

②强化方式：一般情况下，强化培育采用室外池和自然水温进行。

③调节盐度：调节水体盐度，完成虾苗池和养殖池塘的盐度衔接。控制一天内盐度变化为 3，最后一次淡化后 48 小时以上才能出苗。

④投饲管理：饵料每天 6 餐，3 餐投喂虾片和 3 餐投喂丰年虫无节幼体，先投喂虾片，再投喂丰年虫无节幼体。强化过程中适当泼洒维生素 C。

第四章

放养前准备

第一节　新建虾池处理

一、酸性土壤虾池的碱化

我国沿海地区，尤其是广东和广西，土壤呈酸性。在这类土壤上建成的虾池，如果不覆盖地膜或不浇灌水泥则需要进行碱化处理，否则无法进行养殖生产。碱化的具体步骤为：

（1）在雨水少的季节，将塘底土壤彻底曝晒并翻耕。

（2）经过一段时间的曝晒后进水，数日后开始经常性地检测水体 pH，待 pH 下降并稳定时，把池水排干。重复此进、排水过程 3～4 次。

（3）进、排水过程完成后，按 750～2 250 千克/公顷的用量在池底洒上生石灰，中和池塘的酸性物质。

（4）在池中加入适量经发酵的有机肥，提高土壤的肥力。

（5）进水后定期向水体中施放白云石粉、贝壳粉或珊瑚粉等天然碳酸盐，提高水体的缓冲力。

二、新建水泥池的脱碱

新建的水泥池，由于水泥中重金属离子含量很高，如果不采取科学脱碱措施就直接放养虾苗，往往会出现养殖水体中 pH 急剧上升、溶解氧含量降低的现象，从而使养殖对虾大量死亡。新建水泥池脱碱可采用以下几种方法：

（1）注满水浸泡　如果新建水泥池不急于使用，可将水泥池注满水浸泡 10～15 天，每 2～3 天换水 1 次。

（2）过磷酸钙法　每立方米水体中溶入过磷酸钙 1 千克，浸泡 1～2 天。

（3）冰醋酸法　用 10% 冰醋酸洗刷水泥池的池底和四壁，然后注满水浸泡 3～5 天。

（4）酸性磷酸钠法　每立方米水体中溶入酸性磷酸钠 20 克，浸泡 2 天。

经过脱碱处理后的水泥池，必须用水清洗干净，并测试池水的 pH，如果在正常范围内，才能开始养殖生产。在大批放养对虾前一天，先投放数十尾虾苗，仔细观察它们的活动情况，确定无不良反应后，方可按计划全部放养。

三、新铺膜虾池的处理

新铺膜的养殖池，由于塑料膜含有少量杂质，如果不进行处理可能会引起对虾不适，进而影响对虾的正常生长。新铺膜养殖池处理可采用以下几种方法：

（1）注满水浸泡　如果新铺膜池塘不急于使用，可注满水浸泡 10～15 天，其间每 2～3 天换水 1 次。

（2）高压水泵冲洗法　使用高压水泵冲洗池壁和池底，冲洗 3～5 次，并彻底将冲洗水冲刷干净，再注水浸泡 1 次。

经过处理后的虾池，必须用水清洗干净，并测试池水的 pH，如果在正常范围内，才能开始养殖生产。在大批放养对虾前一天，先投放数十尾虾苗，仔细观察它们的活动情况，确定无不良反应后，方可按计划全部放养。

第二节　池塘整治

经过一茬或数年养殖的虾池，在上一茬收完虾之后，应及时将池内污物冲洗干净，清洗中央排污口和排污管。若是沙底，则应反复冲洗，并曝晒5~7天。

开春放养第一茬虾前，如果池塘经长时间曝晒的可直接抽水入池；如果池塘一直无法干塘的，则应进行彻底的毒塘，避免池中存在敌害生物。

一、土池清淤整池

对虾养殖池塘经过一段时间的养殖生产后，往往会在池底淤积一层较厚的有机物，其中含有对虾排泄物、残饵和生物尸体等有机碎屑。这些有机物在分解时需要消耗大量的氧气，若淤积过多，将导致养殖过程中底部水层严重缺氧，轻者影响对虾生长，重者造成对虾浮头或发生病害死亡；而在缺氧情况下，底层有机质无法进行氧化分解，则极易形成如组胺、腐胺和硫化氢等一些毒性较强的中间代谢产物，严重威胁对虾的生存。对虾属于底栖性生物，对池塘底质环境要求较高，所以，为确保养殖生产的顺利进行，提高对虾养殖的成功率，在养殖收获后和养殖之前，必须切实抓好池塘的清淤整治工作。

清淤主要是指利用机械或人力把池底淤积层清出池外，可以人工将淤泥搬出或用推土机推出（图4-1），还可以使用高压水枪冲洗后用泥浆泵抽吸（图4-2），但切不可将其推至池塘护坡上，以免随水流回灌池中。在实际操作中，还可把清淤、翻耕、晒池、整池和消毒等工作结合起来，从而全面提高工作效率。

图4-1 推土机将淤泥推出　　图4-2 水枪冲洗与泥浆泵吸污

　　对于土池养殖而言，在上一茬收虾后，需尽快把虾塘中积存的水排干，对池塘进行曝晒，以免病害微生物滋长。待池底无泥泞状时，即可对池塘进行修整。其一，要把池塘底部整平（图4-3和图4-4），若池底的塘泥较厚，可考虑清出部分底泥；其二，全面检查池塘的堤基、进排水口（渠）处的渗漏及坚固情况，对有渗漏出现的地方应及时修补加固。修整工作完成后，在池塘中撒上石灰，并对池底翻耕、曝晒。一般来说，晒池时间越久，杀菌效果越好，清淤效果好的池塘进行数天至15天晒池即可，池底淤泥多的池塘应进行更为彻底的晒池，使池底成龟裂状为佳（图4-5）。

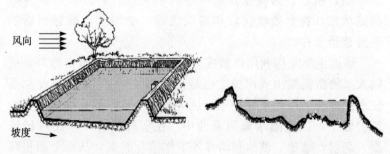

图4-3 良好的整池效果　　　图4-4 池底凹凸明显

图4-5　经充分曝晒的养殖池

二、高位池清淤整池

水泥护坡沙底池与地膜池、水泥池的清淤的整池方法有所不同。

水泥护坡沙底池排干水后，用高压水泵反复冲洗沙子直到变白为止（图4-6），或者排干水后让太阳曝晒至池子中央污物硬化结块，人工清出池外，再用高压水泵冲洗。冲洗干净后让太阳曝晒，再翻晒，晒至沙子氧化变白为止。

地膜池和水泥池的清整基本一致，相对水泥护坡沙底池的清整较为简便。主要是利用高压水枪彻底清洗黏附于地膜或水泥上

图4-6　工人在用高压水泵进行池底清淤

的污垢，并全面检查池底、池壁、进排水口等处。

地膜池不能过于曝晒，否则地膜会加速老化，水泥池不能长时间没水，否则容量裂缝漏水。

第三节　养殖用水处理

一、清除敌害

对虾养殖的敌害生物较多，其中主要有病原生物、捕食性生物、竞争性生物及其他有害生物四大类。

病原生物主要是病毒、病原菌等，它们可导致对虾活力下降，生长停滞，甚至大量死亡。竞争性生物多为一些小杂鱼，如斑鰶、鲻鱼和杂虾、杂蟹、小贝类等，它们与养殖对虾争夺饵料和空间，从而影响对虾的生长。捕食性生物主要是一些捕食对虾的鲷科鱼类、鲈鱼、乌塘鳢、四指马鲅、弹涂鱼和乌贼等。其他一些有害生物则或危害养殖对虾的健康，如纤毛虫、夜光虫、甲藻及各种寄生虫等；或是危害养殖设施，如船蛆、凿石蛤等可破坏闸门、闸墙和闸墩等。

通常采用的消毒除害方法有两类，可根据不同的情况和除害种类而进行。一是采用曝晒法，在清整池塘、曝晒塘底时，一般可去除多数的敌害生物；二是使用药物法，当前常用的药物有鱼藤精、茶籽饼、生石灰、漂白粉和敌百虫等，其除害对象与使用方法见表4-1。

表4-1　池塘消毒常用药物的参考剂量以及使用方法

药物名称	有效成分	使用量（带水消毒，以每公顷水深1米计）	主要杀伤种类	药效消失时间（天）	使用方法	备注
鱼藤精	鱼藤酮5%~7%	225~300千克	杂鱼	2~3	浸泡后泼洒	对其他饵料生物杀伤性小

药物名称	有效成分	使用量（带水消毒，以每公顷水深1米计）	主要杀伤种类	药效消失时间（天）	使用方法	备 注
茶籽饼	茶皂素12%～18%	300～450千克	杂鱼	2～3	敲碎后浸泡1～2天，将浸出液稀释后带渣一同泼洒	残渣可以肥水
生石灰	氧化钙	1 125～2 250千克	鱼、虾、蟹、细菌、藻类	7～10	可干撒，也可用水化开后不待冷却时泼洒	提高pH，改善池底通透性
漂白粉	有效氯约28%～32%	150～600千克	鱼、虾、蟹、贝类、细菌、藻类	3～5	溶水后泼洒	避免用金属工具，操作时需戴口罩
敌百虫	50%晶体	15～22.5千克	虾蟹、昆虫、蟥虫	7～10	稀释后全池泼洒	
杀灭菊酯	2.5%溴氰菊酯或4.5%氯氰菊酯	150～300毫升	虾蟹、寄生虫	5～6	稀释后全池泼洒	

二、进水消毒

1. 进水量 养殖过程进水不便的池塘，在进行消毒除害之后，若进水系统是过滤沙井的可直接进水至虾塘，若不是过滤沙井的则利用60～80目的筛绢网或砂滤池过滤后再进虾塘。一次性把水进够（进水深度可根据池塘的具体情况而定，一般应为1.3米以上），养殖过程不再添、换水，实行封闭式养殖。

养殖进水方便的池塘，可采用逐渐添水的方式来进水。"养水"前先进 1 米左右深的水进行水体消毒，养殖过程中根据对虾的生长和水体变化情况，再逐渐向池塘内添加新鲜水源，以保持水体的清爽。

2. 水体消毒 进水以后，使用含氯消毒剂或海因类消毒剂进行水体消毒，其对多种致病菌、病毒、霉菌及芽孢均具有极强的杀灭作用，但对浮游微藻的损害较小。如果进水量较大，亦可采用"挂袋"式的消毒模式，将消毒剂包捆于麻包袋之中，放于进水口处，并将进水闸口调节至适当大小，水源在进入池塘时需流经"药袋"，可对进水进行消毒处理。

在虾池进行消毒时应特别注意几个要点：①用药时间最好安排在放苗前 10 天进行；②用药前要先排干池中原有水体，在闸门处安装 60～80 目的筛绢网，通过筛绢网过滤进入少量水，施药消毒，进水切忌过多，以免浪费消毒药品；③选择晴好天气用药，增强药效；④确保药物能分布到虾池的角落、边缘、缝隙和坑洼处；⑤选择高效、无残留的药物种类；⑥根据药品说明书上的说明科学用药。此外，药物使用量还应视药物的种类、池塘大小、既往发病史、池水理化条件等多种因素而定。水体消毒 2～3 天后，使用有机酸或有机盐络合水体中可能存在的重金属离子或残留的消毒药。

近年来，由于对虾养殖的集群式发展，有的地区的对虾养殖场过于集中，且各养殖场的进、排水口相隔不远，难以保障所进水源的质量。因此，有条件的应专门配备蓄水消毒池，对养殖用水进行处理。在放养虾苗前进水时，可先将水源直接引入池塘，然后进行水体消毒处理。但养殖过程中所进的水源，则应先进入蓄水消毒池，经沉淀、消毒处理后再引入养殖池中使用。

在进水时还应充分考虑到水源盐度变化的情况，如在河口地区，尤其是水流量较大的河口地区，由于雨水问题往往导致其水源的盐度变化较大，不利于对虾的健康生长；而在一些开放性的沿海区域，其水源的相对盐度较高。因此，还需根据苗种以及养殖的状况，注意对水体盐度进行调节。

第四节 营造优良水体环境

放苗前水体环境的培育，既营造幼虾健康生长的优良养殖环境，又培育基础饵料生物，解决早期对虾适口饵料，促进对虾健康生长。水体环境的优化培育最为关键的是，培养优良浮游微藻种群和有益微生物，通过浮游微藻和有益微生物的作用，促进虾池物质的循环，营造适合对虾生长的良好生态环境（图4-7）。

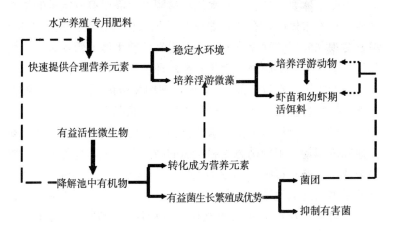

图4-7 放养虾苗前的培水流程

优良的浮游微藻，可增加养殖水体的溶解氧含量，吸收氨氮、亚硝氮和硫化氢等有害物质，提高水体质量；还可为养殖水体营造一定的"水色"，使水体维持合适的透明度，起到遮阴作用，从而既可令养殖对虾避免敌害生物侵袭，使之生长安定，又可抑制底生大型藻类的繁殖；同时，对维持对虾养殖生态的平衡，亦具有举足轻重的作用；但更重要的是它能通过浮游微藻—浮游动物—对虾和浮游微藻—对虾两条食物链为幼期对虾提供优质的天然饵料，提高养殖对虾的成活率。因此，如何有效培养优良的浮游微藻，营造适宜、稳定的水色，是养殖前期管理的关键措施。

水体消毒后 2～3 天，施用浮游微藻营养素和有益菌，培育良好的养殖生态环境，使水色呈浅褐色、绿色或黄绿色，使藻—菌平衡，同时给虾苗—幼虾提供优良活饵料，促进虾苗的健康生长，提高成活率和生长速度。

一、施用浮游微藻营养素

养殖水体要求有一定的水色和透明度，需要有一定量的浮游微藻，自然水体中含有的营养成分不足以供应浮游微藻的生长，需要合理施放浮游微藻营养素，以提高养殖水体的营养水平，培养足量的优良浮游微藻，优化养殖水环境和培养优良活饵料。

一般来说，在放苗前 5～7 天，施用发酵的无机有机复配营养素，使用量视营养素的质量和水体营养状况而定。

对于底质有机质丰富、水源营养丰富的池塘，施用富含不易为池底沉积物吸附的硝态氮和均衡的磷、钾、碳、硅等元素，容易被浮游微藻直接吸收利用的无机复合营养素。对于底质贫瘠、水源营养缺乏的池塘，施用无机有机复合营养素，其中的无机营养盐可直接被浮游微藻吸收利用，有机质成分则可维持水体肥力。

有不少养殖户为了节省成本，采用鸡粪等粪肥为池塘增肥。其实粪肥主要是一种有机肥，若施用不当其增肥效果很有限，而且还可能造成池塘底部有机质过度积累，引起底部缺氧，水环境恶化。可以将粪肥与芽孢杆菌等有益菌一起发酵 7～15 天，利用有益微生物充分降解粪肥中的有机质，释放营养盐，减少有机质在池塘中的耗氧量，提高粪肥的增肥效力；也可将粪肥与石灰混合，充分发酵 7～15 天后再使用。粪肥的施用量需视养殖池塘的具体情况而定，不宜过多，同时要施用一些氮磷无机肥，保障水体营养的平衡（表4-2）。

表4-2　常见微藻营养素的种类及使用方法

种　类	特　　点	使用方法
有机肥	①起效慢，需经微生物分解后方能为微藻吸收 ②肥效维持时间长，适合于底质干净的池塘使用	与芽孢杆菌、乳酸菌一起浸泡后泼洒入池
无机肥	①起效快，能直接为微藻吸收 ②肥效维持时间短，适合于养殖中后期底质有机物含量多时使用	直接溶水后泼洒
氨基酸肥	起效时间和效果维持时间居于有机肥和无机肥之间	直接泼洒，低温天气与光照不强时也可使用

二、施用芽孢杆菌

在施用浮游微藻营养素的同时，施用芽孢杆菌。通过芽孢杆菌等有益菌的降解作用，一方面将有机物转化成为浮游微藻可以利用的营养元素，培养优良浮游微藻，优化水环境，并增加幼虾活饵料；另一方面，促使有益菌群繁殖成为优势菌群，形成有益菌生物絮团，作为养殖对虾的优良补充饵料，同时有效抑制有害菌的繁殖。此时，由于清塘和水体消毒等措施，池塘中的微生物水平较低，及时使用有益菌效果明显。

三、适当追施浮游微藻营养素

浮游微藻的繁殖快速消耗水体营养，造成养殖水体中营养的欠缺，使浮游微藻的稳定繁殖受限，水色变清。所以，在放苗前后及养殖早期，要适当追施浮游微藻营养素，保持养殖水体适当的营养水平。追施的浮游微藻营养素，以液体有机无机复配营养素和无机复配营养素为宜。

培养优良菌相与藻相的作用与措施如表4-3。具体实施养水措施时，还要特别注意与天气的配合，所谓"万物生长靠太阳"，施用浮游微藻营养素只有在天气晴朗、阳光充足时效果才明显，切忌在阴雨天盲目过量施用。阴雨天气时往往容易出现浮游微藻繁殖生长不良的情况，而被养殖者误解为水体营养缺乏，容易过量施用浮游微藻营养素，而使水体呈潜在富营养化，一旦天气好转浮游微藻容易过度繁殖，甚至导致喜肥好污的不良微藻快速繁殖，养殖水体过早出现富营养化，而影响对虾的健康生长。

表4-3 培养优良藻相、菌相的作用和措施

种类	作 用	措 施
培养优良藻相	①产生氧气，提高水体溶氧量 ②吸收氨氮、亚硝酸盐、硫化氢等有害物质 ③营造水色，使对虾安全生长，抑制底生丝藻生长 ④培养浮游动物，构成食物链，为幼虾提供基础饵料	在放苗前5～7天，施用浮游微藻营养素（营养贫乏的池塘使用有机无机复合营养素，营养丰富的池塘使用无机复合营养素）；养殖早期适量追施2～3次
培养优良菌相	①降解池塘中的有机物，转化为浮游微藻生长所需的营养，净化养殖环境 ②通过营养竞争、空间竞争、生态位点竞争，抑制有害菌、条件致病菌乃至病原菌的繁殖生长，减少病害发生 ③形成有益生物絮团，为养殖对虾提供优质饵料	施用浮游微藻营养素的当天或隔天，施用芽孢杆菌制剂

第五章

虾苗标粗

针对养殖前期容易发病，以及大小分化等问题，进行强化虾苗和淘汰弱小苗。虾苗标粗的时间为20～40天，使其体长达到3～5厘米，提高后期养殖成功率。

虾苗标粗称之为中间培育，又称中间暂养，广东一带俗称"标粗"，指先将虾苗放养于较小的养殖水体内饲养一段时间（20～30天），待其生长至一定规格（体长约3～5厘米）后，再移至养成池中进行养殖。通常，标粗池中的虾苗放养量为1 800万～2 400万尾/公顷。中间培育过程中投喂营养较高的饲料，前期可加喂虾片和丰年虫，通过提高虾苗的营养供给，以增强其体质，提高其抗病能力。

采用虾苗标粗的优点：由于标粗池的面积较小，便于养殖管理。一方面可提高饲料的利用率，做到合理投喂，降低生产成本；另一方面可提高虾苗的环境适应能力，综合提高对虾养殖的成活率。其次，合理安排好虾苗的标粗时间与养成时间的衔接，可大大缩短整个养殖周期的耗时，实现多茬养殖。

虾苗标粗的缺点：首先，标粗时密度过大，生长速度慢，也较容易发病；其次，移苗过池时对虾必须重新适应新环境，处理不当容易使对虾应激，诱发虾病或使生长速度减慢。

第一节　虾苗选择

选购优质虾苗并进行科学合理的放养，是保证对虾养殖高产高效的一个重要前提。因此，切实做好虾苗的选择与放养工作，对养殖生产具有重要的意义。

选购虾苗前应先到多个虾苗场进行实地考察，摸清虾苗场的生产设施与管理、生产资质文件、亲虾的来源与管理、虾苗健康水平、育苗水体盐度等一系列与虾苗质量密切相关的关键因素，再选择虾苗质量好、信誉度高的苗场进行选购。

一、亲虾引进证明及虾苗健康证明

须选用无携带特定病原体（SPF）种虾繁育的虾苗。用无携带特定病原体种虾繁育的虾苗发病率低，是生产中首选的虾苗。但要留意引进的 SPF 种虾，经几代繁育后抗病力将会下降，应做必要的更新换代。

为确保虾苗质量，所选虾苗应有虾苗场提供的健康证明（由国家指定的检测机构开具的），或委托有关部门对虾苗进行检测。

二、外表观察

虾苗选购时主要从感官上来把握，可以把待选虾苗带水装在小容器中观察（图 5-1）。

图 5-1　观察虾苗外表

健康虾苗具有以下特征：

（1）规格适中，全长 0.8～1 厘米，大小均匀。南美白对虾无节幼体生长至仔虾需 12 天以上，仔虾再经过 10 天培育即可出售，此时的规格为 0.8～1.2 厘米，而经过 2 次淡化（暂养）后的虾苗可长至 0.8～1.5 厘米。放养 0.8 厘米以上的虾苗，才可获得较高的成活率。

（2）触须长、细、直，而且并在一起。

（3）附肢正常，尾扇展开，身体形态完整。

（4）肠胃饱满，虾体肥壮，肌肉充满虾壳。

（5）身体透明，体表无黑色坏死斑。

（6）身体无污泥和异物附着。

（7）游泳活泼，对外部刺激反应迅速，摇动水时，强健的虾苗由水中心向外游。虾苗活动力强，能顶水游动，无沉底现象，离水后有较强的弹跳力，放养后集群明显；如果虾苗离群游动，则表明体质较差，有可能会发病，应及时进行预防。

（8）放苗时，健康虾苗会立即沉到池底；而体弱虾苗则靠近水面随水漂流。

（9）摄食量正常。虾苗食欲旺盛，抢食现象明显，投喂饵料几分钟后胃部即可见到食物团，此现象表明虾苗的体质比较健康。

三、实验测试

虾苗健康程度的测试方法如下：

1. 抗离水实验　自育苗水中取出若干虾苗，放在拧干的湿毛巾内包埋 10 分钟，然后放回原育苗水中，观察其存活情况，全部存活为优质苗，存活率越低，质量越差。

2. 温差实验　用烧杯取育苗水适量，降温至 5℃，取若干虾苗放入冷水中，几秒钟后虾苗昏迷沉底，然后迅速捞出放回原水温的育苗水中,观察其恢复情况,健康虾苗马上恢复活力,而体质差的虾苗恢复慢甚至死亡。

3. 逆水流实验 取若干虾苗放入水瓢中,顺一个方向搅动水体,健康虾苗逆流而游或者伏在瓢的底部,弱苗则顺水而漂流(图5-2)。

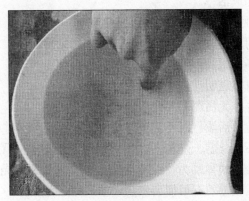

图5-2 虾苗逆水流试验

四、虾苗的淡化

在选购虾苗前,还应确切了解养殖场本身的水体盐度情况。若养殖水体的盐度远低于育苗水体,则须提前要求虾苗场在出苗前一段时间对虾苗进行"淡化"。虾苗淡化一般采用"盐度渐降法",出苗时育苗水体的盐度应与养殖池塘水体相同或接近。如果条件允许,可以用预先准备好的少量养殖池水对准备出池的虾苗进行测试,以确保虾苗确实能适应养殖水质环境。

淡化后的虾苗若胃中充满食物,游动敏捷,说明虾苗经过淡化后已能适应在低盐度水体中生活,购回后放养成活率较高。如果在出售前淡化速度过快,水体盐度速降,则会造成虾苗质量下降,放养后的虾苗成活率降低,且易发病。因此,购苗时应注意苗场的淡化方式，以免造成损失。

第二节 虾苗计数与运输

一、提前掌握相关信息

1. 关注气象信息 长途运输有公路运输和航空运输两种方法。如果采用航空运输的方法，气象信息就相当重要，因为一旦天气情况不好，造成飞机延误，虾苗的成活率将会大大降低。气象信息可以通过电视、网络或其他媒体了解到，也可向相关机场查询。

2. 确定运输方式后了解相关信息 对公路运输或航空运输等方式的选择，要根据虾苗的成活率、距离的远近和运输成本来确定。一般路程小于 500 千米的地区多选择公路运输，而路程大于 500 千米的多选择为航空运输。如果选择航空运输，要尽早定好舱位，可以通过机场或托运代理公司购买。选择航班时，尽量选择直航班次，不得不转机换乘班次时要问清楚转机时间，转机时间过长的航班不宜使用。另外，还要了解飞机到达目的机场需要等待多长时间才能提货，提货等待时间太长的班次也不宜选用。虾苗运到目的地机场后，往往还需要一段时间的汽车运输才能够运到当地暂养苗场，因此接货人在了解航班的基础上，必须及时将虾苗从飞机货场取出，并运到暂养苗场。此外，运输时间的节省也非常重要，一般从种苗场到机场先使用汽车运输，所以应尽量掌握好对接的时间。

3. 掌握关键水质信息 开始运苗之前一定要了解清楚出苗地和放苗地的水质因子，如盐度、水温等，然后根据出苗地和放苗地的盐度对比来确定怎样调节盐度。如从厦门运往珠江三角洲、江浙沪一带的虾苗，在出苗前都需要淡化。但是，盐度和温度的调节都不能过快，应循序渐进，避免增加淘汰率。一般育苗场所说的盐度实为比重，盐度的调节以比重计上最小刻度计算，每天不超过 3 为宜。如果一天之内突然将海水比重从 1.01 降到 1.00，虽然当天粗略看上去整个育苗池中没多少虾苗淘汰损耗，但实际上虾苗体质已被削弱很多，不再适宜做长途封闭式运输。育苗池内水温一般在 30℃ 左右，在出苗前应有意识提前降温，使育苗池水温逐渐降到室温。运苗者订购虾苗之后，应该提醒技术员做好调整工作。

二、出苗时准确判别虾苗质量

要将虾苗尽可能少损耗地运往外地，虾苗质量是关键。虾苗质量包括几个方面，其中最主要的是活力和均匀度。

1. 活力的判别　南美白对虾的虾苗生长至体长 0.6～0.7 厘米时，开始出现苗层分化，健壮苗种大多分布在水体中上层，而体质弱一点的则集中在水体下层。看苗的时候，要用手抄网从育苗池底部捞一批苗起来，先放到水瓢中，用手搅动形成水流，活力好的虾苗应逆流而游，水停止流动时聚在一起的虾苗应迅速从水瓢中间游开，均匀分散在水瓢中；然后将虾苗倒入烧杯中，观察虾苗摄食肠道的饱满情况，更重要的是查看有无病弱苗，那种身体发白、游动无力、歪头的虾苗属于将被淘汰的苗，而活力好的苗则体色透明无斑点、游泳足不红、身体不挂脏、游泳时身体平直且活泼、逆水性强。

2. 均匀度的判别　在辨别虾苗的均匀度时，应将虾苗用池水稀释，否则密度过大而看不到小苗就会影响辨别。整体上均匀的苗是好苗，证明整个育苗池投喂均匀，虾苗长势好。

另外，看苗时还要了解育苗过程中的水温、池水淡化的幅度以及所用亲虾的情况。育苗的水温高于 31℃ 时称为高温苗，虾苗的体质较弱；池水淡化的幅度，以每天 0.001 为最理想；一般来说，来自原产地的亲虾生产的苗种，其体质较来自台湾的好，而且代数越低质量越好，但价格相应较贵。上述因素要综合考虑，最终选择好自己需要的苗种。

三、出苗及包装

1. 出苗 一般在包装虾苗前 2 小时，育苗池开始排水富集虾苗，此时应在集苗桶内准备好与育苗池盐度大概相同的海水，水温应较育苗池内低约 3～5℃；虾苗包装运输用水视运输时间和距离、密度和虾苗大小来确定，一般控制在 19～22℃，与集苗桶内的温差应小于 5℃。调节盐度和温度时，用充气的办法混合海水，注意要相隔一段时间多测几次，确定盐度和温度稳定在所需要的范围。虾苗出池后，放入集苗桶的密度不宜过大，最好低于 250 万尾/桶，密度越低，则虾苗的成活率相对越高。

2. 虾苗的计数 虾苗的计数有干量法、容量法和重量法等。

（1）干量法 用一个多孔能滤水的量苗勺，计算虾苗数量（图 5-3）。有两种计算方法，一般由买卖双方商定：①每个苗袋装入虾苗 1～2 勺，然后抽出 1～2 袋虾苗计数，算出每袋虾苗的数量，再求总数；②捞取一勺虾苗，计数此勺的虾苗数量，再以

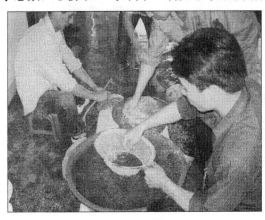

图 5-3 干量法计算虾苗数量

此勺作为量具，量出所需的虾苗量。

（2）重量法　称取一定重量的虾苗，计算出个体数量，然后再称出所有虾苗的总重量，从而得出虾苗的总数量。

（3）容量法　将虾苗集中于已知水容量的玻璃缸内或塑料桶内，充分搅匀后随机取样 3 次计算，求得样品的虾量，从而计算出虾苗总量。

在南方通常使用干量法计数，也可采用其他量法计数。计算虾苗的数量应考虑各种因素。

3. 包装与运输　虾苗运输时一般采用特制的薄膜袋（图 5 - 4）进行包装。薄膜袋容量为 10 升，装水 1/3～1/2，装苗量视运输时间以及虾苗大小而定（常见密度为 3 000～4 000 尾/袋），充满氧气，保持温度（做到防晒、防雨，气温高时可使用冰块进行降温），运输时间一般为 5 小时以内。

长途运输，特别是需要航空运输的虾苗，包装的用水量和装苗量关系到虾苗的成活率和空运成本，所以要慎重考虑。长途封闭运输的虾苗，大小最好在体长 0.7 厘米左右，过小体质弱而经不起折腾，过大则活力强而容易自相残杀。体长 0.7 厘米左右的虾苗，若航空运输则外包装使用正方形泡沫箱外套纸箱，内包装使用特制薄膜袋，每袋可以装虾苗 13 万～15 万尾。包装时在袋内装入 1/3 的过滤海水和 1～5 毫克/升的抗生素，装入虾苗，其余 2/3 空间充足氧气，然后将袋口扎紧放置在泡沫箱中。如果虾苗活力很好且大小均匀，则可多装一点，可达 20 万尾/袋。为了防止运输途中封闭的泡沫箱内温度上升，还应采取措施进行温度控制，航空运输可将冰袋系在第一层塑料袋外，最后将泡沫箱用胶布包扎好（泡沫箱盖和箱子之间也要用胶布缠绕一圈），套上纸箱，装车运往机场。

虾苗运输过程中还有很多细节性问题，如出苗的时间不宜太早、到达暂养苗场或养殖场的时间不宜太晚等，而且不同地区使用的具体方法也会略有区别，但只要着重注意好上述几个方面，虾苗的成活率就会有保证。

图 5-4　装满虾苗的塑料袋

第三节　虾苗放养

一、虾苗暂养

1. 二次淡化　仔虾暂养，是目前淡水养殖普遍实施的技术措施之一。暂养过程也是虾苗二次淡化的过程，最适宜的暂养池通常建在养殖池靠近水源的一侧，应用小竹竿、尼龙薄膜等围栏成一个小区，小区内放置水产养殖用盐，使其盐度达到 2 左右，并在小区内进行继续淡化 2～5 天，这样做可以提高低盐度池塘中的虾苗放养成活率。二次淡化是指向暂养池中添加海水，或是添加海水晶或氯化钠，调节暂养池的水体盐度达到 2～5。低盐度的水环境，有利于购入的虾苗由海水向淡化养殖过渡。应当注意的是，氯化钠的添加量不应超过 5 千克/米^3，因为过量的氯化钠将造成水离子严重失衡，虾苗也将因此而大批死亡。

2. 暂养期　暂养期不可太长，通常以 10～15 天为宜，因为南美白对虾的生长较快，过长的暂养期将使水体空间显得十分拥挤，而且水中有害物质的大量积累，将使水环境出现恶化，虾苗的体质也将随之下降，因此暂养时间过长反而不利于后续养殖。

二、放苗时间

南美白对虾最适生长温度为 28～32℃，生存温度为 9～47℃，15℃停止摄食，9℃开始死亡。一般来讲，当水温达到 18℃以上时可以放苗。在温度较低时放苗，虽然不会被冻死，但由于虾苗体质较弱，在较低的水温中生存也会影响其养殖成活率。还有一个现象，南美白对虾养殖到 30～60 天，体长在 5～7 厘米时，最容易发病，春、夏季交替时节天气多变，也容易诱发虾病。应该说，5 月中旬是最好的放苗时间，只要放养密度得当，风险会较小一些。

三、放养准备

1. 试苗　放养前一天，必须先进行试苗。试苗的具体方法为：从育苗场取回来的一些虾苗，先滤去育苗水，再将池水和虾苗放入试苗盆中，至少经过 12 小时以上的观察。未出现死苗现象，则说明可以放苗；如果出现死苗现象，应查明原因，采取相应措施后再行放苗。

2. 做好温差调节　虾苗运到虾塘后，立即将苗袋放在池中浸泡 30 分钟左右，目的是使苗袋感温，调节袋内水温，当袋内的水温与池塘的水温基本一致时可以放苗。

四、水质测定

南美白对虾虾苗放养时对水质要求较高，一般均要求做好水质的测定。具体水质指标要求如下：

（1）pH　要求 7.7～9 范围内比较适宜。

（2）透明度　虾苗放养时，透明度最好控制在 30～40 厘米。

（3）溶解氧　要求达到 4 毫克/升以上。

（4）氨氮　应控制在 0.3 毫克/升以下。

（5）亚硝酸盐　应控制在 0.2 毫克/升以下。

（6）硫化氢　应控制在 0.01 毫克/升以下。

（7）水色　理想水色是油绿色或茶褐色。

五、放养密度

对放苗密度具有重要影响的因素有水深、换水频率、虾苗的规格与质量、饵料生物的种类与数量、增氧效果、商品对虾的目标产量及规格、养殖技术和生产管理水平等。一般放苗密度可参考下面公式。

综合式：

$$\text{放苗密度（尾/公顷）} = \frac{K（平均水深＋换水率）×（1＋活饵率）}{经验成活率}$$

产量规划式：

$$\text{放苗数量（尾/公顷）} = \frac{计划产量（千克/公顷）×计划对虾规格（尾/千克）}{经验成活率}$$

其中，经验系数 K 为 1 000～1 500，一般可取 1 200；活饵率为饵料生物占总投饵量的百分比。若所放养的虾苗经过标粗，体长达到 3 厘米左右，其经验成活率可按 85％ 计算，否则，需依照以往养殖生产中虾苗成活率的经验平均值进行估算。

在养殖条件相同的情况下，对虾生长速度与放苗密度成反比。此外，放苗密度越大，对虾的排泄物就越多，就越容易污染水质，虾也就越容易发病。因此，南美白对虾的发病率与放苗密度有一定的关系。一般每公顷产虾 7 500 千克左右的放养密度，应为 60 万～90 万尾/公顷；一般每公顷产虾 22 500 千克左右的放养密度，应为 90 万～145 万尾/公顷。通常，滩涂土池养殖南美白对虾的放苗密度为 60 万～75 万尾/公顷；高位池南美白对虾的放苗密度为 120 万～180 万尾/公顷；但在具体操作中，虾苗的放养数量，还可根据各养殖池塘的增氧机及排污等条件、养殖生产者的管理经验进行适量增减。

六、虾苗的适应性驯化

虾苗对池塘环境的适应性驯化，主要针对养殖水体的盐度、温度进行。虾苗运至养殖场后，不应立即把虾苗从虾苗袋中释放到养殖池，而是先将密闭的虾苗袋在虾池中漂浮浸泡 5～10 分钟，使虾苗袋内的水温与虾池的水温相接近，以使虾苗适应池塘的水体温度（图 5-5）。然后，在试苗网装入少量虾苗，置于池水中进行"试水"半个小时左右（图 5-6）。待试水虾苗反应正常，再将漂浮于虾池中的虾苗袋解开，在虾池中均匀释放虾苗（图 5-7）。

图 5-5　虾苗袋浸泡

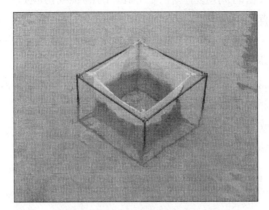

图 5-6　试苗网

图 5-7　虾苗放养

七、放苗时应注意的事项

（1）避免在迎风处、浅水处和闸门附近放苗，而应选择避风处放苗。

（2）放苗时间应选择在天气晴好的清晨或傍晚，避免在气温高、太阳直晒时放苗。

（3）放苗前要做好计划，放苗时准确计数，做到一次放足，以免后期补苗。

（4）池塘中设置一个虾苗网，放苗时取少量虾苗置于其中，以便观察虾苗的成活率和健康状况。

（5）放苗水温在20℃以上为宜，不得低于18℃，气温低于20℃时需加盖暖棚，同时注意防漏。

第四节　虾苗标粗管理

一、方式

中间培育有土池培育、塑料大棚培育和网箱培育等多种方法。

1. 土池培育　在较大的养殖场，一般选择养虾池总数10%～20%的养虾池作中间培育池。池塘要进、排水方便，能够排空池水，利于捕获虾苗。经清池，培养饵料生物后放入虾苗，一般放苗150万～300万尾/公顷。

2. 塑料大棚培育　多用于培养早期虾苗，由于大棚内水温高，促进了虾苗早期生长，有利于养殖大规格对虾，也可用于第二茬养殖培育早批虾苗。为了充分发挥大棚的作用，还可在大棚内增设充气设施，连续充气，培养密度可以增大至1 050万尾/公顷。

3. 网箱或围网培育　在养成池的边缘，用塑料薄膜或编织布围一角落（约占池塘面积的10%），虾苗放养于围网中标粗（图5-8），标粗后将薄膜或编织布撤去，使虾苗疏散至整个养成池中。在养成池内设置网箱进行中间培育的方式，仅适合短期的暂养。用40～60目网围一小池作暂养池，或拦网暂养，这两种方法暂养后不能精确计数，但操作简便，使用较为普遍。

图 5 - 8 使用"网拦法"标粗虾苗的池塘

4. 高位池培育 一般中间培育池 0.06～0.2 公顷，放养密度 750 万～1 500 万尾/公顷，培育时间 20～30 天，规格 3～5 厘米。然后分苗至养殖池。

5. 工厂化温棚培育 工厂化中间暂养池规格 15 米×15 米×1.5 米，池底密布气石，约 1 个/米^2。采用罗茨鼓风机充气供氧。上面用钢丝绳或用木桩搭成框架结构，框架结构上覆盖 0.3 毫米厚的农用塑料薄膜，起到保温作用。两端开有通气门，便于对流和通风，一般培育密度为每立方米水体放养 1.5 万～2.0 万尾。经过 20～30 天左右的培育，便可收苗分养。

6. 水泥池塑料大棚培育 这是北方普遍采用的一种强化培育方式。

（1）培育设施 培育车间为塑料大棚，培育池为长方形水泥池，池底锅形，坡降 2‰～3‰，每个在 25 米^2 左右，池深 1.5 米，每平方米布 1 个气石，连续增氧，有独立的进、排水系统。

（2）放苗 放苗前进行清池、消毒，调节水的盐度、温度和 pH，使其和虾苗运输袋内的水质基本一致。放苗前进行 36 小时的试水和试苗（试水是用即将进行苗种培育的水调试将调入的虾苗，试苗是从育苗单位取少量虾苗进入培育大棚进行测试）。当测试成活率均达到 100％时放苗，每立方米水体 1 万～2 万尾，放苗时准确记数。

（3）培育　虾苗入池后，体力消耗较大，因此，马上投喂虾片补充营养，虾苗体能和体质恢复后，约第二或第三天开始蜕皮，此时开始少量换水和调淡，采用吸污的方法，把池中底层残饵、粪便等污物吸出，吸水量掌握在 10～20 厘米，然后补入淡水，改善水质，降低盐度。育苗的中、后期投饲卤虫和其他淡水枝角类鲜活饵料，也可投喂部分破碎的开口饵料，以有利于虾苗下塘后开口摄食配合饵料。培育过程中，施用不同种类的微生物制剂，改善水环境。生物制剂的种类和使用量，依水色、温度和水质等实际情况调整，掌握在注水后使用。隔日兑加 1 次淡水，兑入量不超过池水的 1/6，以缓慢调淡。当虾苗体弱或刚刚蜕皮后不兑淡，用药后也暂不换水。虾苗入池后，不间断充气，保证较高含量的溶氧。

经过 10～15 天的温室培育，虾苗经历 3～4 次蜕皮，规格可达到 2～3 厘米、8 000～12 000 尾/千克时即开始下塘。

二、分苗

经中间培育后，会出现一定程度的分化，应适时分苗，尽量做到每池中分到的虾苗规格基本一致，便于养成管理。

1. 记录　分苗时认真计数（前、中、后测定 3～5 次），做好分苗记录。

2. 温度和盐度　中间培育塘与养殖塘水温差别不超过 3℃，气温与水温相差不能超过 5℃，盐度不超过 3。

3. 试水　分苗前一天用中间培育塘虾苗试养殖塘水，如果 24 小时后成活率在 95％以上能分苗；否则按照（四）继续处理，直到试水虾苗成活率达到要求。

4. 换水　分苗前 1 周，中间培育塘需经 2～3 次以上换水处理，每次换水 20％～30％。对虾苗进行适应性锻炼。

5. 间隔时间　两次分苗间隔为 5～7 天，让损伤的虾苗得以恢复、生长，确保分出的苗健康、整齐。

6. 提高免疫力和活力　①分苗前、后，对虾需内服免疫增强剂，如维生素C（用量 2 克/千克料）、维生素E（用量 5 克/千克料）、免疫多糖（5 克/千克料）和中草药等，时间 5～7 天；②分苗前中间培育塘与养殖塘泼洒葡萄糖 7.5 千克/公顷和维生素C4.5 千克/公顷，提高对虾活力。

7. 分苗工具　需用手推网，或用小拖网，且不开电，每次捞取 30～50 千克。

8. 运输　尽量采用干运法，用可滤水塑料筐每次称取 3～5千克，筐内虾厚度不超过 10 厘米，从中间培育塘到养殖塘时间不超过 10 分钟；如运输距离较远，可采用水运充氧法，用300～500升的大桶装水，直流充气泵充氧运输。2～3 厘米的苗运输密度小于 50 尾/升，运输时间不超过 30 分钟。北方普遍采用塑料袋充氧运输法或帆布篓运输法。塑料袋运输装水 5 升左右，充氧，装虾 1万～3 万尾；帆布篓运输法，1 米³ 容积的帆布篓，装水 1/2，装虾苗 40 万～50 万尾，内设充气头数个，不间断地充气。

三、分级

1. 淘汰塘底苗　经过几次分苗后，剩余在塘底的小苗直接排掉，清空中间培育塘，清污、翻晒后用作养成塘，或留作下次中间培育用。

2. 分级分苗　分苗用网有不同网目大小，可根据虾苗大小选取不同网目的手推网或小拖网进行分苗，一般分为大、中、小三级，筛选 2～3 次，淘汰弱小苗（表 5-1）。

表 5 - 1   不同网目与虾苗对应规格参考表

网目（厘米）	0.8	1	1.3	1.5	1.8	2.0
虾苗（厘米）	2.5～3.0	3.0～3.5	3.5～4.5	4.5～5.0	5.0～5.5	5.5～6.5

3. 分苗时间　高温季节早晨分苗，低温季节中午分苗。

四、管理

中间培育主要管理工作是，做好水环境管理与饲料投喂。要求池水的溶解氧不低于 5.0 毫克/升，透明度为 30～40 厘米，水色应为绿色或黄褐色。可使用粒径为 0.5 毫米的配合饵料（俗称粉料）。每万尾虾苗日投饵量控制为：虾苗体长 1 厘米时 170 克，1.5 厘米时 310 克，2 厘米时 480 克，2.5 厘米时 630 克，3 厘米时 880 克。每天分 2 次投喂，8：00～9：00、16：00～17：00各投喂一半数量。

当虾苗达到体长 2～5 厘米，要及时在晴朗天气时，移苗到养成池进行养殖。

五、收苗计数移入养成池

虾苗达到体长 2～5 厘米时，看天气好就要准备收苗。先在中间培养池最低处的堤坝开一口子，装好 3～5 米帆布筒，未放苗时，把露在池外的筒口拉起扎紧。当放苗时把袋口放在大塑料桶内，连水带苗一起放入桶内，至桶内装苗 80% 左右时停止放苗。用塑料水勺把大桶内带水的虾苗进行搅拌，看桶内虾苗分布大致均匀时，取出一勺计数。再用水桶，每桶放适量虾苗，放入养成池。根据每池的放苗密度，就可以计算出入池的苗数了。注意在中间培养池每放 1 次，都要用上述方法计数 1 次。

第六章

饲料安全与精准投喂

第一节　饲料的选择

饲料的质量状况，对养殖对虾的生长和健康水平具有重要的影响。首先，饲料是养殖对虾的营养物质提供源，其营养配方是否均衡、选用原料是否优质，将直接影响到对虾的生长及健康水平；其次，若饲料的适口性不佳，可溶性控制不好，所剩余的残存饲料或饲料溶解物将直接影响养殖水质，造成污染，影响到对虾的健康生长。

一、饲料基本营养成分

南美白对虾饲料基本营养成分组成为：粗蛋白 36%～41%（其中，动物性蛋白质含量要大于植物性蛋白质），脂肪含量 5%～6%，粗纤维小于 6%，粗灰分小于 16%，水分小于 12.5%，钙磷比 1：1.7 左右。表 6-1 提供的三个南美白对虾饲料配方供参考。

表 6-1　生产用南美白对虾饲料配方精选（100 千克）

原料（千克）	配方 1	配方 2	配方 3
鱼粉	22.60	35.00	19.00
乌贼粉	5.00	5.00	7.00
虾糠		6.00	

（续）

原料（千克）	配方1	配方2	配方3
肉骨粉	7.00	3.00	
豆粕	16.60	11.00	30.00
花生粕			9.00
鱼油	2.50		1.25
玉米油			1.00
花生麸	13.60	7.00	
菜籽粕	6.60		
棉粕		6.70	
卵磷脂	2.00	1.50	
酵母			5.00
高筋面粉	22.00	23.00	22.83
氯化胆碱	0.50	0.40	0.50
维生素C-磷酸酯	0.10	0.10	0.10
对虾用免疫增强剂	0.20		
磷酸二氢钠			0.50
磷酸二氢钙	0.50	0.80	
磷酸二氢钾			0.50
赖氨酸硫酸盐			0.42
L-苏氨酸			0.11
羟基蛋氨酸			0.09
复合维生素	0.30	0.20	0.20
复合矿物盐	0.50	0.30	0.50

【配方1】为湛江粤海饲料有限公司专利，环保型南美白对虾配合饲料，申请号 200510102246.0。复合维生素含量（每克中）为：维生素 A 1.5 毫克，维生素 D_3 11.0 微克，维生素 K_3 0.4 毫克，维生素 E 12.0 毫克，维生素 B_1 1.8 毫克，维生素 B_2

2.4 毫克，维生素 B_6 1.0 毫克，钴胺素 1.0 微克，生物素 30.0 微克，叶酸 60.0 微克，泛酸钙 6.0 毫克，烟酸 18.0 毫克，胆碱 150.0 毫克，抗坏血酸 30.0 毫克。复合矿物盐的微量元素含量（每克中）为：铁 100.0 毫克，锌 80.0 毫克，铜 12.0 毫克，锰 80.0 毫克，硒 0.5 毫克，钴 1.0 毫克，镁 70.0 毫克。

【配方 2】为湛江粤海饲料有限公司专利，低盐度养殖南美白对虾环保型配合饲料，申请号 200610124016.9。复合维生素含量（每克中）为：对氨基苯甲酸 10 毫克，维生素 B_1 0.5 毫克，维生素 B_2 3.0 毫克，维生素 B_6 1.0 毫克，泛酸钙 5.0 毫克，烟酸 5.0 毫克，生物素 0.05 毫克，叶酸 0.18 毫克，维生素 B_{12} 0.002 毫克，肌醇 5.0 毫克，维生素 A（20 000 国际单位/克）5.0 毫克，维生素 D_3（400 000 国际单位/克）0.003 毫克，维生素 E（250 国际单位/克）32.0 毫克，维生素 K_3 2.0 毫克，纤维素 931.26 毫克。复合矿物盐含量（每克中）为：五水硫酸镁 200 毫克，氯化钾 100 毫克，柠檬酸钾 150 毫克，氯化钠 74 毫克，氯化钴 1.4 毫克，亚硒酸钠 0.02 毫克，五水硫酸铜 3.36 毫克，七水硫酸锌 18.7 毫克，七水硫酸亚铁 4 毫克，一水硫酸锰 3.6 毫克，碘化钾 0.54 毫克，硫酸铬钾 0.55 毫克，二氧化硅 443.83 毫克。

【配方 3】为中山大学专利，一种南美白对虾低鱼粉饲料，申请号 200710030546.1。多维预混物的成分组成（每克中）为：肌醇 22.2 毫克，维生素 A 11.1 毫克，泛酸钙 8.3 毫克，维生素 B_1 2.2 毫克，维生素 B_2 5.6 毫克，维生素 B_6 0.6 毫克，维生素 K 0.6 毫克，叶酸 0.2 毫克，维生素 B_{12} 0.12 毫克，生物素 0.06 毫克，氯化胆碱 55.5 毫克，醋酸 α-生育酚 4.4 毫克，纤维素 889.12 毫克。多矿预混物的成分组成（每克中）为：氯化钠 32.3 毫克，硫酸钾 163.8 毫克，氯化钾 65.8 毫克，硫酸亚铁 10.7 毫克，柠檬酸铁 38.3 毫克，磷酸二氢钙 122.8 毫克，乳酸钙 474.2 毫克，磷酸二氢钠 42 毫克，硫酸镁 44.2 毫克，硫酸锌 4.7 毫克，硫酸锰 0.33 毫克，硫酸铜 0.22 毫克，氯化钴 0.43

毫克，碘化钾 0.22 毫克。

二、饲料外观判断方法

一般来说，优质对虾饲料具有以下特点：①营养配方全面、合理，能有效满足对虾健康生长的营养需要；②水中的稳定性好，颗粒紧密，光洁度高，粒径均一；③原料优质，具有良好的诱食性，饲料转化率高；④加工工艺规范，符合国家相关质量、安全和卫生标准。饲料质量优劣的直观判断如表6-2。

表 6-2　判断饲料优劣的直观方法

一看外观	优质的对虾饲料颗粒大小均匀，表面光洁，切口平整，含粉末少
二嗅气味	优质饲料具有鱼粉的腥香味，或者类似植物油的清香；质量低劣的饲料没有香味，或者有刺鼻的香精气味，或者只有面粉味道
三尝味道	可用口尝检测饲料是否新鲜，有没有变质
四试水溶性	取一把虾料放入水中，30分钟后取出观察，用手指挤捏略有软化的工艺优良，没有软化的则有原料或者工艺问题。在水中浸泡3小时后仍保持颗粒状不溃散的为优，过早溃散或者难以软化的饲料则存在质量问题

第二节　饲料精准投喂技术

在南美白对虾集约化、半集约化养殖生产中，饲料占养殖成本的50%～60%，是养殖的主要投入之一。饲料投喂不足，会影响南美白对虾的生长，导致虾体抵抗力下降；饲料投喂过量，会浪费饲料，污染水质与底质，且诱发虾病。

科学投喂是南美白对虾养殖成功的关键之一，要根据对虾不同生长阶段的生理需要和当时的生活状态进行精确的投喂。

饲料投喂是对虾养殖生产中的关键技术之一，科学的投喂策略，对降低养殖成本、提高养殖效益具有重要的意义。投喂饲料时应充分掌握对虾的大小、数量、健康水平、蜕壳情况、天气和水质环境等，综合考虑各方面因素，建立科学的投喂技术。

一、饲料观察网的设置

饲料观察网（图6-1）是观测对虾摄食情况和生长的平台，一般设置在距离池塘堤坝3～5米的地方，同时，距离增氧机也有一定距离，以避免水流影响对虾的摄食，从而造成对全池对虾摄食情况的误判。一般每0.1～0.2公顷设置1个饲料观察网，但1口池最少应设置2个。具有中央排污的养殖池塘，还应在池塘中央设置1个饲料观测网，主要用于观察残饵、病死虾及中央底质污染情况。每次投料时在饲料观察网上放置一定量的饲料，其数量为该次投料总量的1%～2%。

图6-1 检查饲料观察网

检查饲料观察网的时间，依据养殖阶段而有不同。养殖前期（30天以内）2小时，养殖前中期（30～50天）1.5小时，养殖中后期（50天至收获）1小时。检查时，如果观察网上的饲料被吃完，且对虾消化道中有8成以上的饲料，表明投喂量较为合适；若对虾消化道饲料少，则需要酌量增加投料量。如果观察网上存留有饲料，则表明投喂量过大，可适当减少投料量。

二、投喂策略

1. 开始投喂的时间　开始投喂饲料的具体时间，要根据放苗密度、池中浮游饵料生物量等因素而定。一般在放苗后第二天即投喂饲料，若养殖水体中基础饵料生物丰富，可以在放苗后3～4天再开始投喂饲料，但不应超过1周；如果放养标粗虾苗，则当天就应该投喂配合饲料。养殖前期应投喂营养相对丰富的0号饲料或虾片，有条件的投喂一些丰年虫效果会更好。

2. 确定投喂饲料量　可通过估测池内对虾的数量，根据实测虾只的体长、体重，计算出理论的日投喂量（表6-3）。但投喂饲料量受到多种因素的影响，如天气，池内对虾数量、密度、体质（包括蜕壳）以及水质环境情况等，所以还需根据实际情况进行调整。判断投料量是否适宜有两个条件：一是投料后1.5小时饲料台上无剩余饲料；二是80%的对虾达到胃饱满。投喂饲料量不符合时应及时进行调整。一般来讲，放苗第2天饲料投喂量为每天每10万尾苗500克料，放苗后3～15天内，以每天每10万尾苗递增200克料投喂量；放苗15天后，以每天递增300克料数量增加饲料投喂量。

表6-3　南美白对虾日投饲料量的参数

体长（厘米）	体重（克/尾）	日投喂次数	日投饲料率（%）
≤3	≤1.0	3	12～7
≤5	≤2.0	4	9～7
≤7	≤4.5	4	7～5
≤8	≤12.0	4	5～4
>10	>12.0	4	4～2

估测池中对虾的数量和体重，再结合饲料包装袋上的投料参数（表6-4），大致确定饲料的投喂量。但具体的投喂数量，依据对虾的实际摄食情况而定。

表6-4 市售某品牌饲料包装袋上饲料投喂量参数

南美白对虾饲料	虾体长度 （厘米）	虾体重量 （克）	每天投喂 （重量%）	每天投喂次数
幼虾0号料	1～2.5	0.015～0.2	20～10	3
幼虾1号料	2.5～4.5	0.2～1.2	10～7	3
幼虾2号料	4.5～7	1.2～4.4	7～3	4
中虾3号料	7.0～9.5	4.5～10.9	6～4	4

3. 每天的投喂时间安排 据相关研究表明，饲料投喂频率为3次/天时，饲料系数最低，蛋白质效率最高。随着投喂频率自1次/天至3次/天增加，饲料系数逐渐下降，蛋白质效率递增；而投喂频率从3次/天至5次/天递增时，情况恰好相反（表6-5）。说明过高的投喂频率对对虾的生长并无显著效果，反而增加饲料成本。研究认为，投喂频率增加，使食物在动物消化道移动反射性加快，未被完全消化吸收的营养物质随粪便排掉，因而造成消化率下降。可见，在对虾养殖生产中投喂频率并非越高越好，而应该计划合理的投喂策略，科学饲喂对虾，方能取得良好的效果。过少投喂，无法为对虾提供充足的营养物质，影响其健康生长；过多投喂，则造成饲料不能被对虾有效利用，导致残余饲料和排泄物增多，在水体中沉积、腐败，从而污染养殖水质环境，影响对虾的健康生长，还将使养殖成本大大提高，降低了对虾养殖的经济效益。

　　每天的投喂时间，应该根据对虾的生活习性特点进行安排。养殖密度较高的池塘，每天投喂3～4次，每天投喂时间应相对

表 6-5 不同投喂频率对南美白对虾生长和存活率

（平均值±SD）的影响

（叶乐等，2005）

项目	分　组				
投喂频率 （次/天）	1	2	3	4	5
初始重量 （克/尾）	0.24	0.24	0.24	0.24	0.24
终末重量 （克/尾）	0.86±0.50	1.31±0.02	1.87±0.04	2.04±0.03	2.07±0.13
增重率（%）	258.33±18.80[a]	446.60±9.94[b]	679.50±16.70[b]	750.82±12.15[ab]	763.35±56.02[ab]
饲料系数	1.46±0.03[c]	1.25±0.03[b]	1.11±0.02[a]	1.18±0.01[ab]	1.21±0.01[ab]
成活率（%）	86.67±2.94[a]	98.52±1.28[b]	95.93±3.39[b]	92.22±1.11[ab]	91.85±6.12[ab]

注：同行数据上标有字母不同者之间，表示显著差异（$P<0.05$）。

固定，选择在 7:00、12:00、18:00、23:00 进行投喂，使对虾形成良好的摄食习惯；养殖密度低的池塘，可根据水体环境质量、对虾健康水平等具体情况，适当减少投喂次数。通常晚上的投料量可占日投量的 60%，白天则占 40%，具体根据对虾养殖生产情况进行合理安排与调整。

4. 投料范围 南美白对虾是散布在全池摄食的，所以在投料时水池四周多投、中间少投，再根据各生长阶段适当调整投料位置。小虾（体长 5 厘米以下）活动能力较差，在池中分布不均匀，主要投放在池内浅水处或浅滩；而中大虾则可以全池投放。投喂时应关闭增养机 1 小时，否则饲料容易被旋至池子中央与排泄物堆积一起，而不易被摄食。

三、投喂饲料的注意事项

（1）天气晴好时多投喂；对虾活动不正常时、大风暴雨或寒流侵袭（降温 5℃以上）时，少投喂或不投喂。

（2）傍晚后和清晨多投喂，烈日条件下少投喂。

（3）水温低于15℃或高于32℃时少投喂。

（4）水体环境恶化时不投喂，水质清爽时酌量多投喂。

（5）对虾大量蜕壳的当天少投喂，蜕壳1天后酌量多投喂。

（6）养殖前期"宁多勿少"，养殖中、后期"宁少勿多"。

（7）水质良好时多喂，水质恶劣时少喂。

第七章

养殖水环境安全调控

第一节　养殖池塘自身污染

一、摄食饲料带来的污染

对虾养殖生产过程产生大量代谢产物，包括对虾排泄物、残存饲料和浮游动植物残体等。按目前的养殖模式和养殖水平，管理良好的南美白对虾集约化养殖生产中，饲料的实际转化率大约在30%以下。集约化养殖对虾的饲料系数一般在1.0~1.5的范围内，而对虾饲料干物质含量为88%，新鲜对虾干物质含量为26%。按干物质计算，如果饲料系数为1.0，即880克饲料干物质得到260克对虾干物质，饲料干物质转化率为29.55%；如果饲料系数为1.5，即1 320克饲料干物质得到260克对虾干物质，饲料干物质转化率为19.7%；以平均饲料系数1.3计，即消耗1 144克饲料干物质得到260克对虾干物质，饲料干物质转化率为22.7%，有77.3%的饲料干物质变成各种代谢产物。

在我国，南美白对虾的池塘养殖和其他对虾品种的养殖一样，基本采用"三池合一"模式，即养殖对虾的摄食、排泄及代谢产物的分解在同一池塘中进行。养殖生产中每天投喂饲料，养殖对虾每天摄食，每天排泄，代谢产物不断积累，自身污染程度逐日加重，引起养殖水环境质量下降，水质因子变动，加剧各种病害的发生。

二、其他投入品带来的污染

为了防治病害和控制水质，在养殖过程中往往投入各种治疗剂、消毒剂、水质及底质改良剂、肥料、饲料添加剂。化学物质的大量使用，严重破坏了养殖对虾、微生物和环境三者构成的动态平衡，使得养殖水环境更加波动，引起养殖对虾发生应激反应。尤其是抗生素药物和重金属的使用，还将危害养殖池塘的环境安全和养殖对虾的质量安全。

第二节 养殖池塘的生物构成及其相互关系

一、养殖池塘的主要生物构成

在对虾养殖池塘中，对虾以及其他养殖生物（混养模式中投放的其他养殖生物）是养殖生产的对象，其他还有浮游微藻、浮游动物和细菌等细小生物，这些生物共存于同一池塘中。

浮游微藻主要有绿藻、硅藻、隐藻、金藻、蓝藻和甲藻等种类。一般来说，绿藻、硅藻和隐藻、金藻的种类多为优良微藻，一定数量的优良浮游微藻能够产生溶解氧，吸收有害物质，形成合适透明度和水色，抑制有害藻类和有害细菌的繁殖滋生，而且可以作为养殖对虾和浮游动物的活饵料；但浮游微藻数量过多，也会带来负面效应，或者夜间耗氧过多使得水体缺氧，或者引起白天二氧化碳不足，从而发生"倒藻"。蓝藻和甲藻的种类多为有害藻类，其生长繁殖过程会释放有害物质或毒素，对养殖对虾生长不利，而且会抑制优良微藻的生长，使水质败坏。

浮游动物主要有桡足类、枝角类和轮虫等种类。浮游动物自身可以作为养殖对虾的优良活饵料。在养殖水体中，浮游动物能滤食浮游微藻、细菌和有机碎屑，促进养殖环境的物质循环。浮游动物过量繁殖，会使水体透明度增大，水色变浅，水质变差，易引起养殖水体缺氧。

养殖池塘中存在着各种各样的异养细菌和自养细菌，细菌是环境物质循化过程必不可少的成员，养殖过程产生的代谢产物由细菌进行降解和转化。不同的细菌其作用功能和能力也不同，通俗来说，按代谢机制可分为好气菌、厌气菌和兼性厌气菌，按属性可分为有益菌和有害菌、条件致病菌和致病菌。

二、养殖池塘主要生物之间的相互关系

在养殖池塘中，养殖对虾与浮游微藻、浮游动物和细菌之间存在着互相依存的关系（图7-1）。对虾以配合饲料为主要食物，还可以摄食浮游植物、浮游动物和生物有机颗粒。养殖过程中，对虾排出的代谢产物、残存的饲料和浮游动植物的残体，通过细菌的降解作用，转化成为营养元素培养浮游微藻，进而培养浮游动物，形成互相依存的生物链；细菌在降解转化代谢产物的过程中自身繁殖，并和其他微小生物及生物残体一起形成生物有机颗

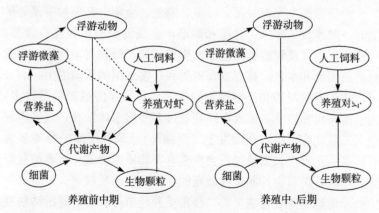

图7-1　养虾池塘中对虾与浮游微藻、浮游动物、细菌之间的关系

粒，为对虾所摄食，从而促进代谢产物的循环利用，不仅减轻养殖池塘的环境负荷，清洁水质和底质，而且节约了饲料。

三、养殖池塘生态环境调控的关键

对虾养殖池塘生态环境调控的关键，一是培养和维持稳定、优良的浮游微藻种群；二是培育维持有益微生物生态。

浮游微藻是一类浮游生活在水里的微型植物，通过光合作用释放氧气，吸收水体中的无机质。在对虾养殖池塘中培养和维持稳定优良的浮游微藻种群，能保持养殖水体中高含量的溶解氧，消除有害因子，平衡酸碱度，营造良好的水色与合适的透明度，抑制底生丝藻和有害微藻的繁殖，给养殖对虾提供安定生长的水域环境；而且，通过浮游微藻——浮游动物的食物链为养殖对虾提供优良活饵料，提高对虾的成活率和生长速度（图 7 - 2）。

在养殖池塘中培育有益的细菌并使其成为优势，能够降解、转化池塘中的有机物（池塘累积的有机物、有机肥料、养殖代谢产物等），在净化养殖环境的同时，为浮游微藻生长繁殖提供源源不断的营养；同时，通过营养、空间和生态位点的竞争等作用，抑制有害菌、条件致病菌以及病原菌的繁殖生长，减少病害发生。有益细菌在降解有机物的过程自身大量繁殖，并和生物残体一起形成生物絮团，是养殖对虾的优质饵料；通过对虾的摄食，不仅净化环境，而且节约饲料，达到"化废为宝"作用，还具有调整养殖对虾肠道生态平衡，促进对虾健康生长的作用。

通过优良浮游微藻和有益细菌的共同作用，营造适宜对虾健康生长的良好生态环境（图 7 - 2）。通过有益细菌的降解转化作用，养殖代谢产物转化成为二氧化碳和无机元素，提供营养素促进浮游微藻繁殖生长；浮游微藻进行光合作用吸收水体中的营养元素，释放溶解氧，提供给养殖对虾进行生命活动，也提供给代谢产物进行氧化分解；从而净化水质和底质，抑制有害细菌和有害藻类的滋生。

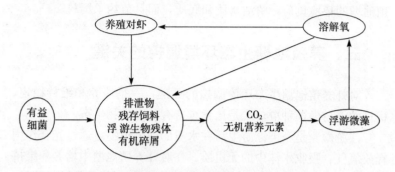

图 7-2 浮游微藻和有益菌在生态循环中的作用

第三节 养殖池塘环境调控技术

一、池塘和水体的常规处理

对虾养殖收成后，池塘必须排干水，进行清淤、修整处理。土池、泥底或沙底的池塘务必晒池，老化池塘撒上生石灰再曝晒；铺地膜的池塘应冲洗干净。

养殖之前，根据需要选择安全、高效的渔用药物，有效清除非养殖对象（如杂鱼、杂虾和小贝类等）和敌害生物、病原生物。

养殖用水水源应经过滤和沉淀处理再进入养殖池塘，可采用砂滤或筛绢网过滤，以减少非养殖生物的幼体及卵子进入养殖池塘。养殖水体应一次性进水至水深 1.5 米以上，选择低毒高效的水体消毒剂，妥善进行水体消毒。

二、有限量水交换技术

养殖过程控制池塘水体的交换频率和交换量，既节约水资源，又降低外来污染和病害交叉感染的风险，减少养殖对虾应激反应和感染病害的几率。一般来说，放养虾苗之前池塘进水至水深 1.5 米以上，放苗后 30～40 天内不必添水和换水，保持水环境的稳定，有利于幼虾的健康生长；养殖中期逐渐加水至满水位；养殖后期若池塘水质良好则不必换水，只添水维持水位即可，若池塘水质不良而水源质量良好，则适当换水。

水体交换原则上不宜大量，保持养殖水环境的稳定，每次添（换）水量大约为养殖池塘总水量的 5%～10%。

有条件的养殖场应设置蓄水池，添（换）的水需先经过滤、沉淀或消毒处理再进入养殖池塘，避免进水带来污染和病原。

三、养殖水体营养调节技术

1. 放苗前施放浮游微藻营养素

（1）施放浮游微藻营养素的作用　对虾养殖水体要求一定的水色和透明度，这就要求养殖水体中需要有一定数量的浮游微藻。而浮游微藻的繁殖生长，需要有一定量的营养元素，自然水体虽然含有一定的营养盐，但其营养水平不足以培养达到养殖水体需求的浮游微藻丰度，所以需要人为施放浮游微藻营养素，提高养殖水体的营养水平。

通过有效施用浮游微藻营养素，培养优良浮游微藻，既优化养殖水环境，又为幼虾提供优良的活饵料（图 7-3）。

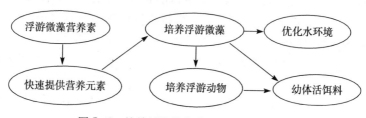

图 7-3　施放浮游微藻营养素作用示意图

（2）浮游微藻营养素的种类　浮游微藻营养素可分为无机复合型和无机有机复合型两大类。无机复合型营养素，应含有可溶解态营养养分，不易为池塘底部淤泥所吸附，配比合理（如 N：P≥10），有效性强，适宜绿藻、硅藻、隐藻和金藻等优良浮游微藻繁殖生长的需求；无机有机复合型营养素，应含有可溶解态无机养分、有机质、微生物、发酵物等多种成分，在水体中保持肥效比较长久，缓冲性比较强。

（3）施放浮游微藻营养素的技术要点　通常，在放苗之前5～7天施用浮游微藻营养素（图7-4）。池底有机质丰富的池塘（肥塘、老塘）施用无机复合型营养素，底质干净的池塘（新池、铺膜池、沙底池）施用有机无机复合型营养素。

图7-4　施用微藻营养素要点示意图

2. 养殖前期追施浮游微藻营养素　浮游微藻的繁殖，会快速消耗水体中的营养元素，降低营养水平，使浮游微藻繁殖减缓或死亡，而且浮游动物和放养的虾苗摄食浮游微藻。营养限制和被摄食的双重作用，往往使得浮游微藻的增殖减缓甚至停顿，水色变浅，透明度加大。故而，放苗前施放营养素后，大约间隔7天左右要追施1～3次营养素，保持水体适宜的营养水平，使浮游微藻能够稳定生长，维持良好水色和合适的透明度。

追施浮游微藻营养素时，一般使用无机复合型营养素或液体型无机有机复合型营养素，不提倡使用固体粗颗粒有机营养素。

3. 养殖过程补施浮游微藻营养素　养殖过程中，往往因大雨、降温、转风向、使用消毒剂或杀虫剂不当等情况，造成浮游微藻大量死亡，池水突然变清，透明度增大。这时，需要同时施放芽孢杆菌和浮游微藻营养素，重新培养浮游微藻，营造良好水色（图7-5）。施放芽孢杆菌，可降解死亡的藻类残体，使之快速转化成无机营养元素，再重新为浮游藻类吸收利用，避免在池塘底部累积而败坏水环境；施放浮游微藻营养素，可快速补充浮游微藻生长需要的营养，重新培养良好藻相。

　　如果浮游微藻死亡严重，还需要引进新鲜的水源或者水色优良的其他池塘水，以增加养殖水体的浮游微藻藻种。

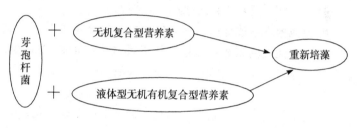

图7-5　养殖过程重新培养微藻示意图

四、有益菌调控养殖水环境技术

　　1. 有益菌调控的作用　养殖池塘中存在着不同类别的微生物。随着养殖周期的进行，当水中有机物的含量不断积累，水中溶解氧慢慢耗尽时，或有抑制微生物生长的物质时，池塘固有微生物的自净作用就会受到限制而减弱，甚至停止。

　　人为往池塘中施加有益菌，是比较有效的微生物调控方法。施加有益菌要根据池塘生态环境的变化正确选用菌种，而且施菌量要达到一定的浓度，确保水体中活菌数达到一定数量，还要营造适合培育有益菌的生长条件，使之尽早形成并维持优势菌群，以取得良好的调控效果。

　　2. 水产养殖常用的有益菌类　在对虾养殖中添加有益菌，以调控养殖环境质量已成为共识。近年来，开展研究的有益菌包括芽孢杆菌、光合细菌、乳酸杆菌、硝化细菌和蛭弧菌等。目前，研究比较系统而且可以规模化生产和规范使用的水产有益菌生态调控剂，主要有芽孢杆菌类、光合细菌类和乳酸菌类。

（1）芽孢杆菌类 这是一类化能异养细菌，在对虾养殖生产中使用的主要种类有枯草芽孢杆菌和地衣芽孢杆菌。芽孢杆菌能够分泌丰富的胞外酶系，降解淀粉、葡萄糖、脂肪、蛋白质、纤维素、核酸和磷脂等大分子有机物，性状稳定，不易变异，对环境适应性强，在咸淡水环境、pH3～10、5～45℃条件下均能繁殖，兼有好气和厌气双重代谢机制，产物无毒。

在养殖池塘中施放芽孢杆菌，能够快速降解养殖代谢产物，减少有机物在池底的累积，促进物质循环利用，延缓池底老化，有益于优良浮游微藻生长繁殖，抑制有害菌和有害藻类的繁殖滋生，促进有益菌形成优势，改善养殖水环境质量。

（2）光合细菌类 这是一类具有光合色素，能进行光合作用但不放氧的原核生物，能利用硫化氢、有机酸做受氢体和碳源，利用铵盐、氨基酸、氮气、硝酸盐和尿素做氮源，但不能利用淀粉、葡萄糖、脂肪和蛋白质等大分子有机物。

在养殖池塘中施加光合细菌，能够吸收养殖水体中的氨氮、亚硝酸盐和硫化氢等有害因子，减缓养殖水体富营养化程度，平衡浮游微藻藻相，调节酸碱度。

（3）乳酸菌类 这是一类可以降解转化小分子有机物，也可以吸收利用无机物的细菌。

在养殖池塘中施加乳酸菌，能够有效分解溶解态有机物，吸收养殖水体中的氨氮、亚硝酸盐和硫化氢等有害物质，平衡浮游微藻类的繁殖，净化水质。

3. 有益菌调控法

（1）芽孢杆菌调控法

①放苗前施用芽孢杆菌强化"养水"：在放苗前"养水"时施用浮游微藻营养素的同时，施用芽孢杆菌。通过芽孢杆菌的作

用，强化池塘中微生物的作用，降解转化养殖池塘中的有机物
（池底存留的有机物或者微藻营养素中的有机物），源源不断地提
供营养元素培养浮游微藻，优化水环境和培养活饵料。同时，促
使有益菌繁殖成为优势菌群，与其他微小生物以及有机碎屑形成
有益生物絮团，作为对虾的优质饵料，并且有效抑制有害菌的繁
殖（图 7-6），达到"化废为宝"的作用。

　　由于放苗前采取清塘和水体消毒等措施，养殖池塘中微生物
总体水平较低，及时使用芽孢杆菌形成有益菌生态优势的效果
明显。

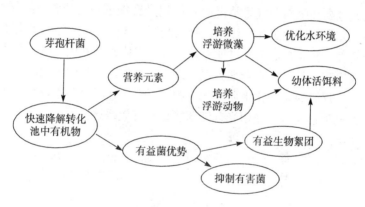

图 7-6　放苗前施放芽孢杆菌调控水环境示意图

②养殖过程定期施放芽孢杆菌进行调控：养殖过程所产生的
代谢产物，尤其是养殖动物的粪便、残存饲料、浮游生物残体等
有机质，要依靠化能异养有益细菌进行降解转化。在自然界的竞
争中，要在养殖水环境中保持有益菌生态优势，需要定期施放芽
孢杆菌。所以，放苗前施放芽孢杆菌以后，在养殖过程中每隔
7～15 天需追加施放 1 次，直到收获，可不断强化有益菌群的功
效，及时降解转化代谢产物，平衡藻相，削减富营养化，抑制有
害菌，促进代谢产物再循环利用（图 7-7）。

　　（2）光合细菌调控法　养殖过程中出现浮游微藻繁殖过度、

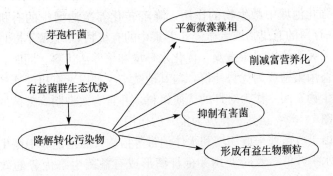

图7-7 养殖过程定期施放芽孢杆菌作用图

氨氮过高和阴雨天气等情况时，施用光合细菌进行调控（图7-8）。光合细菌通过光合作用，吸收利用水体营养，与浮游藻类争夺营养，防止浮游微藻过度繁殖，减轻水体富营养化；由于在弱光或黑暗条件下，光合细菌也能进行光合作用，阴雨天气时，可以替代浮游微藻净化水质；光合细菌可以快速吸收利用氨氮，当水体氨氮过高时，施用光合细菌能得到有效缓解。

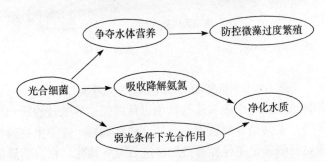

图7-8 养殖过程施用光合细菌作用示意图

（3）乳酸菌调控法 养殖过程中出现水质老化、溶解有机物多、亚硝酸盐增高和pH过高等情况时，施用乳酸菌进行调控（图7-9）。乳酸菌可以快速利用有机酸、糖、肽等溶解态有机物，而且可以快速降解亚硝酸盐，使水质清新。乳酸菌代谢过程产酸，可以起调节水体酸碱度的作用。

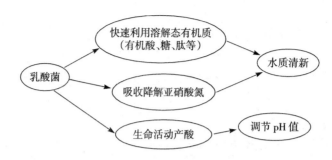

图 7-9　养殖过程施用乳酸菌作用图

（4）多种有益菌协同调控法　养殖过程中，当浮游微藻类繁殖不良时，可同时施用乳酸菌或光合细菌和芽孢杆菌进行调控（图 7-10）。乳酸菌和光合细菌起净化水质作用，而且菌液中含有多种浮游微藻生长所需的营养成分，可促进浮游微藻快速繁殖；芽孢杆菌可快速降解池塘中的有机物，使之转化为浮游微藻生长所需的营养成分。两者协同作用，既净化水质和底质，又促进优良浮游微藻的稳定生长。

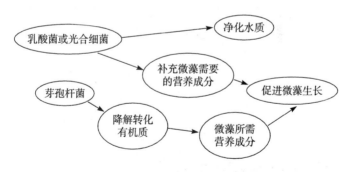

图 7-10　有益菌协同调控水环境作用图

（5）菌—藻协同调控法

①放苗前协同调控法：放苗前同时施用微藻营养素和芽孢杆菌，两者协同既保障养殖水体营养水平，培养良好藻相，又调控良好菌相，建立生态平衡，促进物质良性循环（图 7-11）。

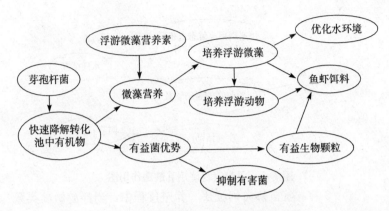

图 7 - 11 放苗前菌—藻协同调控示意图

②养殖过程协同调控法：养殖过程中，因气候变化或操作不当发生"倒藻"时，同时施用芽孢杆菌和微藻营养素，降解藻类残体，迅速重新培养藻相（图 7 - 12）。

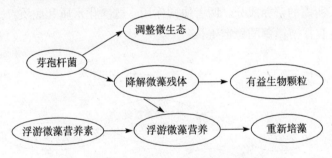

图 7 - 12 养殖过程菌—藻协同调控示意图

五、理化辅助调节技术

1. 理化辅助调节的作用　在养殖过程中，由于气候变化的影响，经常会引起养殖水体理化因子的突变。采取理化辅助调节措施，可以及时快捷调节水体理化因子指标，使养殖环境保持稳定。

2. 常见的水环境理化辅助剂

（1）沸石粉、麦饭石粉、白云石粉 多孔隙颗粒，具良好的吸附性、吸水性、可溶性、离子交换性和催化性等优良性状。可用作水产养殖中的水质、池塘底质净化改良和环境保护剂。能有效地降低池底硫化氢毒性的影响，调节水体 pH，增加水中溶氧，为浮游微藻生长繁殖提供充足的碳素，为多种动植物提供生长所必需的具有生物活性的元素，又能消除多种元素间的颉颃作用，提高水体的光合作用强度。

（2）过氧化钙 白色、淡黄色粉末或颗粒，可作为环境改良剂、杀菌消毒剂等。能增加水中溶解氧，并使游离的二氧化碳与释氧过程中产生的氢氧化钙反应生成碳酸钙沉淀；所产生的活性氧和氢氧化钙有杀菌或抑菌和抑藻作用；并能调节水环境的pH，降低水中氨氮、二氧化碳和硫化氢等有害物质的浓度，使胶体沉淀，并能补充水生动物对钙元素的需要。

（3）腐殖酸 黑色粉末或颗粒，能络合水体中的悬浮有机物及有毒有害物质，平衡酸碱度，稳定优良浮游微藻种群。

（4）增氧剂 白色粉末或片状，含有效氧，具增加水体溶解氧作用。

（5）农用石灰 白色极细微的结晶性粉末。可作为环境改良剂，能提高水体碱度，调节池水 pH，增加二氧化碳；可提高浮游微藻对磷的利用率，促进池底厌氧菌群对有机质的矿化和腐殖质分解，使水中悬浮的胶体颗粒沉淀；可增加钙肥，有利于浮游微藻繁殖，保持水体良好的生态环境；可改良底质，提高池底的通透性。

3. 理化辅助调节技术

（1）使用沸石粉等水质改良剂进行调控 养殖中、后期，每隔 10～15 天，使用沸石粉等吸附小分子污染物，使水质清新，并防止浮游微藻过度繁殖（图 7-13）。

（2）使用过氧化钙进行调控 暴雨后，养殖池塘水体硬度降

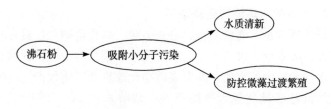

图 7-13 沸石粉作用效果图

低，钙含量不足，而且暴雨后往往使池底容易缺氧。使用过氧化钙可以增加水体钙含量和硬度，改善池底氧气状况（图 7-14）。

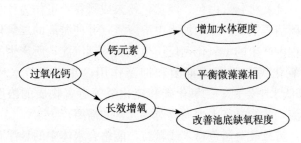

图 7-14 使用过氧化钙改善水质作用图

（3）使用腐殖酸进行调控 养殖水体 pH 过高或不稳定、水混浊、泡沫多和蓝藻过度繁殖时，施用腐殖酸络合溶解态有机质，使水质清新，而且可以调节酸碱度和平衡微藻藻相（图 7-15）。

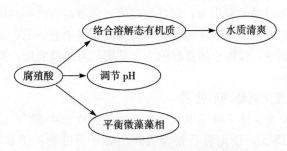

图 7-15 使用腐殖酸改善水质作用图

（4）使用增氧剂进行调控 养殖水体缺氧时使用粉状增氧

剂，可快速增加水体溶解氧，缓解缺氧症状；池塘底质不良时使用粒状或片状增氧剂，可增加水体底层的溶解氧，改良底质。

养殖中、后期使用芽孢杆菌之前，先使用粒状或片状增氧剂，可提高芽孢杆菌的功效。

第四节　养殖池塘主要环境因子

一、溶解氧（DO）

溶解氧是养殖对虾及其他水生动植物、细菌的生命活动和有机质的降解转化所必须的关键因子，养殖水体中溶解氧需保持≥3.0毫克/升，最好能保持≥5毫克/升。

在养殖池塘环境中，浮游藻类进行光合作用产生60%以上的溶解氧。使用增氧机和增氧剂、空气交流也能增加溶解氧。养殖对虾及其他生物的生命活动以及有机质的氧化分解消耗溶解氧。

二、氨氮（NH_4^+-NH_3）

养殖代谢产物的不完全硝化作用，使氨氮升高。养殖水体氨氮过高，会损害养殖对虾的肝胰组织，降低其获氧能力，引起应激。养殖水体中氨氮含量应≤0.5毫克/升。

三、亚硝酸氮（NO_2^-）

养殖代谢产物的不完全硝化作用，引起养殖池塘亚硝酸氮过高，亚硝酸氮由鳃丝进入血液而导致养殖对虾缺氧窒息，一般养殖水体亚硝酸氮应控制在≤0.3毫克/升。但养殖对虾在不同的环境条件下，对亚硝酸盐的忍耐能力有所不同。如在高盐度养殖水体中，亚硝酸氮达到 2 毫克/升，对虾仍然可以正常生长；低盐度养殖水体亚硝酸盐若高于 0.5 毫克/升，对虾就可能出现池底偷死现象。

四、硫化氢（H_2S）

硫化氢由含硫物质在氧气不足条件下分解产生，可造成养殖对虾组织、细胞严重缺氧，低浓度影响养殖对虾生长，高浓度将导致死亡。养殖水体中硫化氢含量应≤0.03 毫克/升。

五、酸碱度（pH）

浮游藻类生长繁殖旺盛或石灰使用过度，可使水体 pH 升高；浮游藻类繁殖生长不良或暴雨后，可使水体 pH 降低。水体 pH 过高会增强氨氮毒性；pH 过低则使溶解氧降低，亚硝酸盐和硫化氢毒性增强。

不同养殖品种对 pH 的要求有所不同，对虾养殖水体合适 pH 为 7.8～8.6，南美白对虾在养殖水体稳定的情况下，pH 达到 9.2 仍可保持正常生长。

六、透明度

透明度是反映水体中浮游藻类和有机质多寡的间接指标。合适的透明度，适宜养殖对虾良好生长，而且可抑制底生丝藻、纤毛虫和有害菌的滋生。适合养殖对虾生长的透明度范围一般为 30～60 厘米。透明度过低，显示水体中浮游微藻及有机质过多，水体过肥；透明度过高，则显示水体中浮游微藻及有机质过少，水体过瘦。

七、水色

水色反映养殖水体中浮游藻类的种群和数量，是判断水质优劣的直观指标。总体来说，豆绿色、黄绿色、茶褐色为优良水色，此时水体微藻种群以绿藻、硅藻、隐藻、金藻为优势；棕红色、蓝绿色为劣质水色，此时水体微藻种群以甲藻、蓝藻为优势；水体白浊是原生动物、浮游动物过多，容易引起缺氧。养殖池塘水色以肥、活、爽、嫩为佳，过浓或过清为劣。

第五节　养殖过程的水色养护

一、常见的优良水色与养护

1. 常见的优良水色　养虾先养水，培养优良的水质，给对虾提供一个良好的生长环境，利于养殖生产的顺利进行。水色是水质的直观反映，养殖者通过观察水色，可以判断水质的优劣。对虾养殖过程中常见优良水色如下：

（1）黄绿色　这种水色为水体中硅藻和绿藻共同占主导优势的体现，兼备了硅藻和绿藻的优点，多样性比较好，水质稳定，是对虾养殖的上佳水色。

（2）茶色　这种水色反映水体中的浮游微藻主要为硅藻，如角毛藻、新月菱形藻等。硅藻是幼虾的优质饵料，生活在此种水体中的对虾生长速度比较快，抗病力强，成活率比较高。但由于硅藻对环境条件和营养条件的要求较高，在南方气候变化比较频繁的时候，此种水色容易发生变化。

（3）绿色　这种水色反映水体中的浮游微藻主要为绿藻，如小球藻、扁藻等。养殖前期因为微藻数量不多，常表现为鲜绿色；养殖中、后期水体营养丰富，微藻生长旺盛，水色深浓，透明度较低，常表现为浓绿色。绿藻适应性强，在养殖环境中生长稳定，可以吸收水体中大量的氮肥，净化水质效果明显。

2. 优良水色的养护措施

（1）纳入良好水源　纳入良好水源，是培养优良水质的重要前提条件。水源经过滤处理且含有多种优良浮游微藻为佳。

（2）投放虾苗前养好水　养殖池塘进水后，使用消毒剂进行水体消毒，然后施用浮游微藻营养素和芽孢杆菌进行"养水"。施用浮游微藻营养素，是为了提高养殖水体营养水平，利于浮游微藻繁殖生长。施用芽孢杆菌，是为了促进环境中有益微生物的繁殖生长，形成有益菌生态平衡，增强环境中有益微生物的代谢功能。

高位池塘、或新建泥底池塘、或沙质底池塘，使用有机无机复合型营养素和芽孢杆菌进行"养水"。有机无机营养素要充分发酵，细末状或者液体状，含有丰富的有机和无机营养，使用量根据其营养含量而定；芽孢杆菌菌剂以有机载体的为好，含有效菌为 10 亿/克的菌剂，按 1 米水深计，每公顷使用 15 千克。使用前可以把有机无机营养素和芽孢杆菌菌剂一起加水充气浸泡3～4 天再全池泼洒，也可以分开使用，把芽孢杆菌加上 0.3～1倍的麦麸、米糠或花生麸，再加水充气浸泡4～24 小时再使用。

普通土池使用无机复合营养素和芽孢杆菌进行"养水"。无机复合营养素含合理配比的氮磷营养，使用量根据其营养含量而定；芽孢杆菌菌剂以有机载体的为好，含有效菌为 10 亿/克的菌剂，按 1 米水深计，每公顷使用 15 千克。芽孢杆菌菌剂使用前，先加 0.3～1 倍的麦麸、米糠或花生麸，再加水充气浸泡4～24小时再使用，可增强效果。

施用浮游微藻营养素和芽孢杆菌以后，晴天光照条件好时2～3 天后可培养起优良水色，若遇阴天或下雨，则需要 5～7 天才能培养起良好水色。

（3）养殖前期维护水色平稳　放苗前使用浮游微藻营养素和芽孢杆菌进行"养水"后，相隔 7～10 天，按同样措施重复 2～

3 次，以维持水色的稳定。视水质肥瘦程度，可选择液态有机无机复合型或无机复合型的浮游微藻营养素，也可适当加施肥水型的光合细菌或乳酸杆菌。

（4）养殖全程维护优良水色

①养殖过程中，相隔 7～10 天使用芽孢杆菌，增强养殖环境中有益菌的功效，及时降解养殖代谢产物，转化为浮游微藻生长所需要的营养元素，促进藻相平衡和稳定，维护优良水色。养殖过程芽孢杆菌使用量一般为首次使用的 50%，含有效菌为 10 亿/克的菌剂，按 1 米水深计，每次每公顷使用 7.5 千克。芽孢杆菌菌剂使用前，加入适量麦麸、米糠或花生麸，和池塘水一起充气浸泡 4～24 小时再使用，效果更佳。

②水色偏浓时，使用光合细菌和腐殖酸可以减缓浮游微藻的过度生长，使藻相稳定，水色清爽。含活菌数 5 亿/毫升的光合细菌菌剂，按水深 1 米计，每公顷使用 15～300 千克；腐殖酸产品一般每公顷使用 15 千克。

③水色发暗、水体泡沫偏多时使用乳酸杆菌，可使水质清新，有利浮游微藻生长，水色清爽。含活菌数 5 亿/千克毫升乳酸杆菌菌剂，按水深 1 米计，每公顷使用 15 ～30 千克。

二、养殖过程中常见的不良水色和处理措施

对虾养殖过程中由于气候变动、人为管理不当以及自身污染等因素的影响，会导致养殖池塘中出现不良水色，如处理不当，会造成对虾发病。对虾养殖生产中常见的几种不良水色和相应处理措施如下：

1. 白浊水——水呈乳白色，水质偏瘦

【成因和危害】这种水色养殖前期较为常见，主要原因是浮游动物（如枝角类、桡足类和轮虫等）大量繁殖，大量摄食水中的浮游微藻。这种水体在短期内可促使虾苗生长快速，但耗氧量

增大，时间一长会致使溶解氧缺乏，氨氮和亚硝酸盐等有害物质升高，有害菌繁殖，水质变坏。

【处理措施】

（1）如果对虾体长在2厘米以上，能够摄食浮游动物，可先停止投喂饲料2~3天，然后添加5~8厘米含有优良藻种的新鲜水，再施用浮游微藻营养素和芽孢杆菌重新"养水"。

（2）如果对虾个体较小，尚未能摄食浮游动物，可先用使用安全的水体消毒剂杀灭部分浮游动物，2天后再添加5~8厘米含有优良藻种的新鲜水，施用浮游微藻营养素和芽孢杆菌重新"养水"。

（3）这种水色要注意加强增氧措施。

2. 澄清水——池水清澈见底，无浮游微藻类生长，pH偏低

【成因和危害】养殖水体中含有大量重金属或其他残毒物质，或者池塘土壤为酸性土壤，养殖水体pH偏低，不适合浮游微藻的正常生长。这种水体不利于养殖对虾安定生活。

【处理措施】

（1）先更换部分水体，使用重金属络合剂或水体解毒剂，再使用芽孢杆菌和浮游微藻营养素重新"养水"，培养浮游微藻。

（2）池塘底部酸性严重的，应铺设地膜或用石灰多次改良土质，待土壤酸碱度正常后方可养虾。

3. 青苔水——池水清澈，池底长有青苔

【成因和危害】没有及时采取"养水"措施或者措施不当，水体中浮游微藻繁殖较慢，透明度大，阳光直射到池塘底部，造成青苔大量繁殖。青苔死亡后，会产生大量有机物，严重污染塘底，会引起对虾发病。

【处理措施】

（1）如尚未放苗，应先排干水，将青苔捞走，重新清塘和"养水"。如已放苗，可一次性加入大量含浮游微藻的新鲜水，并追加芽孢杆菌和浮游微藻营养素培养水色。

（2）少量青苔对对虾生长并无大碍，只需多开增氧机，使用芽孢杆菌等有益菌稳定水质。

4. 黄泥水——池水混浊，略呈黄色

【成因和危害】这种水色多因较大的降雨后，浮游微藻大量死亡，雨水冲刷泥浆涌入池塘而形成。也有由于养殖密度过大，对虾活动搅起池底泥土所致。此类水质变化较大，对虾容易出现应激，而且水体中悬浮颗粒多，也会使溶解氧降低。

【处理措施】

（1）先使用腐殖酸和沸石粉净化水质和调节 pH，适当使用增氧剂，再使用芽孢杆菌和浮游微藻营养素。

（2）注意加开增氧机，如有优质水源可在培藻之前添加部分含优良浮游微藻的新鲜水。

5. 黄色水——pH 偏低，水色不清爽

【成因和危害】这种水色是由于甲藻、金藻等鞭毛藻大量繁殖，而且水体有机物过多，会危害对虾正常生长。

【处理措施】

（1）先用少量多次使用生石灰调节 pH，再使用光合细菌和芽孢杆菌，可能要反复 2～3 次，可促使绿藻和硅藻等优良微藻繁殖起来，改变水色。

（2）有条件的地方，可以引入含有绿藻或硅藻占优势的新鲜水，效果更好。

6. 暗绿水——水色浓、暗绿，透明度低，池塘下风处脏物多

【成因和危害】这种水色在养殖后期较为常见，因水体物质代谢不畅、浮游微藻老化死亡所致。这类水体中溶解氧偏低，底质较差，处理不及时，容易引发虾病。

【处理措施】

（1）适量换水，使用沸石粉、过氧化钙等环境改良剂和增氧剂，再协同使用乳酸杆菌和芽孢杆菌或光合细菌和芽孢杆菌，视情况轻重反复 2～3 次使用。

（2）加强增氧措施。

7. 蓝绿水——水色呈蓝色，下风处有油漆状蓝色物质，可闻到异味

【成因和危害】水体富营养化程度严重或施肥不当，有机肥或磷肥用量过大，导致蓝藻大量繁殖。这种水体中的对虾长速缓慢，成活率低，发病率高。

【处理措施】

（1）如果情况不很严重，或者处于对虾易于发病应激阶段，可采取适量换水，先使用腐殖酸，再使用芽孢杆菌，视情况轻重反复 2～3 次，可有效控制蓝藻的繁殖。

（2）如果处于对虾不易发病阶段（如高温季节），可考虑先杀藻再调水。先用"络合铜"等杀藻剂，待蓝藻明显减少后排掉适量底层水，引入部分新鲜水，使用沸石粉、过氧化钙等环境改良剂和解毒、抗应激调节剂，改善水质，缓解对虾应激，消除药残，再使用芽孢杆菌和浮游微藻营养素重新培藻。

（3）加强增氧措施，在机械增氧的同时，补充使用化学增氧剂可提高效果。

8. 酱油水——水色呈酱油色或黑褐色，pH偏高，池水黏性大

【成因和危害】这种水色多由于裸甲藻、鞭毛藻等赤潮藻类大量繁殖所致。藻类死亡后会产生毒素，危害对虾。

【处理措施】同蓝绿水的处理。

第六节　增氧机合理配置与开动

一、增氧机的作用

增氧机是一种较有效的改善水质、防止浮头、提高产量的水产专用养殖机，是高位池精细养殖必不可少的设备，甚至有"增氧机的数量与质量决定对虾产量"的说法。增氧机不但可提供对虾所需要的氧气，更重要的是促进池内有机物的氧化分解，使池水的水平流动及上下对流，增加底层溶解氧，减少底层硫化氢、氨氮等有害物质的积累，改善对虾栖息生态条件，增加对虾体质促进生长，提高产量。

二、增氧机的类型

目前，增氧机有各种不同的类型，广泛应用于生产的有水车式、射流式、叶轮式和充气式等多种类型的增氧机，不同类型的增氧机，其性能也有差异。

叶轮式增氧机（图7-16）是目前淡水养殖广泛使用增氧机，其工作原理是，当叶轮旋转时，叶片与搅水管产生离心力，产生强烈的搅水作用，且搅水管有一排小孔混入水中，形成气泡，增加水的溶解氧，打起的水花起到曝气作用与增大空气接触而提高了增氧效果。但由于这种增氧机一般安装在池中央搅动，水流不定向，对具有中央排污的高位池是不适宜的。

图7-16 叶轮式增氧机

水车式增氧机（图7-17）是应用在高位池最广泛的一种增氧机，尤其以四叶轮为最实用，它是以电动机带直立的叶轮，以搅动表层水，产生水流，溅起浪花，增加水与空气的接触面积，达到增氧目的。另一作用是使池水朝一定方向流动，能使池水形成环流,将污物、病死虾等集中于虾池中央以利排污,不会将池底污物泛起,且通过中央病死虾情况判断整池对虾健康状况。

图 7-17 水车式增氧机

潜水式增氧机(图 7-18)即在电动鼓风机上接上送气管、散气筒或纳米管平铺于虾池底部,排出的气泡在上升过程中,一部分溶氧溶入水中,适合较深的池塘使用。但该种增氧方式由于气管置于水底,容易生清苔及粘连污物而堵塞气孔,增氧维护较为麻烦,操作不方便。

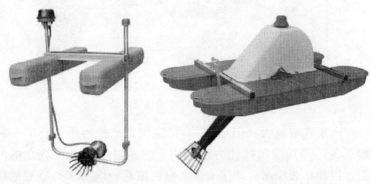

图 7-18 潜水式增氧机　　　　图 7-19 射流式增氧机

射流式增氧机（图7-19）由潜水泵和射流管组成，工作时，水泵里的水从射流管内喷嘴射出，产生负压而吸入空气，水和气在混合室内混合后，以45°角直接充入水中。因其在水面下没有转动的机械，不会伤害虾体，很适于深水（水深大于1.5米）虾池选用。但由于潜水泵电机在水中密封困难，容易漏电，开启故障较多。

三、增氧机的开动

养殖期间必须结合当时的具体情况，合理使用增氧机。它同密度、气候、水温、池塘条件、投饵施肥量和增氧机的功率等有关，当高温闷热、暴雨、下半夜等应多开，为避免影响对虾摄食，投料时一般停止增氧机（后期对虾密度较大除外）。每天增氧机应分六种情况开启，这六种情况分别是上午、中午、下午、上半夜、下半夜和每餐料后。白天由于浮游微藻的光合作用，养殖水体溶解氧含量高，到了夜晚，水体溶解氧被大量消耗，凌晨阶段溶解氧含量处于最低水平（图7-20和图7-21），尤其要加强增氧机的开动。

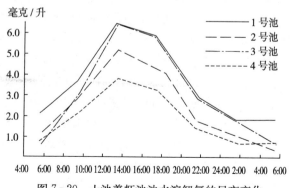

图7-20 土池养虾池池水溶解氧的昼夜变化
（黄海水产研究所，1978）

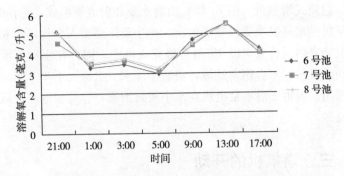

图 7-21　高位养虾池池水溶解氧的昼夜变化
(南海水产研究所，2008)

第七节　常用的水环境调节剂

一、有益菌菌剂

1. 芽孢杆菌菌剂

【特性】芽孢杆菌能分泌丰富的胞外酶系，降解淀粉、葡萄糖、脂肪、蛋白质、纤维素、核酸和磷脂等大分子有机物，性状稳定，不易变异，对环境的适应性强，在咸淡水环境、pH 3～10、5～45℃范围内均能繁殖，兼有好气和厌气双重代谢机制，产物无毒。

【用途】在虾池中使用，能迅速降解养殖代谢产物，促进优良浮游微藻繁殖，延缓池底老化，同时抑制有害菌繁殖，改善水体质量；在饲料中添加投喂，能改善对虾消化道内的微生态环境，增强对营养物质的吸收，并能提高对虾的免疫力。

【用法用量】含有效活菌 10 亿/克的粉末状菌剂，按 1 米水深计算，每次使用量为 7.5～15 千克/公顷，加 0.3～1 倍米糠、花生粕、豆粕等用水浸泡后全池泼洒，每 7～15 天使用 1 次，养殖全过程均可使用。也可以 0.3%～0.5% 的用量，添加于饲料中一起制粒或者拌饲料投喂。

【注意事项】不要和消毒剂或抗生素混合使用。

2. 光合细菌菌剂

【特性】主要为红螺菌科的光合细菌，能在光照条件下利用小分子有机物作为供氢体，同时以这些小分子有机物作为碳源利用。它们能利用铵盐、氨基酸或氮气作为氮源。

【用途】可迅速消除养殖水体中的氨氮、硫化氢和有机酸等有害物质，促进有益微藻繁殖，改善水质，平衡酸碱度；在饲料中添加，可促进对虾生长并增强其抗病力。

【用法用量】含有效活菌 5 亿/毫升的液体菌剂，按 1 米水深计算，每次用量为 15～22.5 千克/公顷，全池泼洒，可每 7～15 天使用 1 次。也可以 2%～5%的添加量拌饲料投喂。

【注意事项】不要和消毒剂或抗生素混合使用。

3. 乳酸菌菌剂

【特性】乳酸菌能降解、转化小分子有机物，也可利用无机物。在繁殖过程中产生抑菌活性代谢产物（如乳酸菌肽），能调节机体肠道菌群正常。

【用途】在虾池中使用，能分解有机物，平衡浮游微藻的繁殖，吸收池水中的氨氮、亚硝酸盐和硫化氢等有害因子；在饲料中添加，可促进对虾对营养物质的消化吸收，降低饲料系数。

【用法用量】含有效活菌 5 亿/毫升的液体菌剂，按 1 米水深计算，每次用量为 15～22.5 千克/公顷，全池泼洒，可每 7～15 天使用 1 次。也可以 2%～5%的添加量拌饲料投喂。

【注意事项】不与消毒剂或抗生素混合使用。

二、微藻营养素

1. 无机复合营养素

【特性】由多种无机营养盐复配而成，含有高活性的氮、磷、钾、硅等营养元素，具有起效快、不在池塘底部沉积残留的特点。

【用途】可快速提供比例合适的溶解态营养盐，促进浮游微藻生长繁殖。

【用法用量】视营养元素含量而不同，于晴天上午溶水稀释后全池泼洒。

【注意事项】在有机质较少的池塘使用注意及时追肥。

2. 无机有机复合营养素

【特性】由经过发酵处理的有机肥与无机营养盐混合而成，含有氮、磷等大量元素和有机质，具有起效快、肥效持久的特点。

【用途】提供溶解态营养盐和有机质，促进浮游微藻正常繁殖，尤其适宜底质比较干净的池塘使用。

【用法用量】视营养元素含量而不同，与芽孢杆菌制剂一起浸泡后于晴天上午全池泼洒。

【注意事项】开包后尽快用完。

3. 液体复合营养素

【特性】含有氮、磷、钾及多种微量营养元素，具肥效快、浮游微藻利用率高的特点。

【用途】平衡水体营养盐，促进浮游微藻正常生长。

【用法用量】视营养元素含量而不同，稀释后全池泼洒。

【注意事项】低温、阴雨天气也可使用。

三、理化调节剂

1. 氧化钙

【特性】别名生石灰。与水反应生成的氢氧化钙，具有杀菌消毒的作用。

【用途】消毒，清除敌害生物；改良水质；提高 pH。

【用法用量】清池消毒 1 500～2 250 千克/公顷，干撒或化水后泼洒；水质调节宜少量多次，每次使用 37.5～75 千克/（公顷·米），使用时加水浸泡后泼洒。

【注意事项】本品易熟化，熟化后效果减低，不宜久贮，应注意防潮。

2. 碳酸钙

【特性】别名农用石灰。氢氧化钙与二氧化碳的产物，具离子交换和促进浮游微藻繁殖的作用。

【用途】提高水体缓冲力，平衡水体 pH；改良水质和池底环境。

【用法用量】按 1 米水深计算，每次用量为 375～750 千克/公顷，使用时干撒或溶水后泼洒。

【注意事项】于干燥处贮存，不可与液体或酸类共贮混运。

3. 沸石粉

【特性】一种含有多种矿物元素的铝硅酸盐非金属矿物。本品具有良好的吸附性、离子交换性等优良形状，因而作为水质、池塘底质净化改良和环境保护剂。

【用途】对氨氮、亚硝酸盐等有毒因子及重金属离子有吸附和选择性离子交换能力；调节水体 pH；增加水体溶氧；促进浮游微藻正常生长。

【用法用量】按 1 米水深计算，每次用量为 225～375 千克/公顷，使用时干撒或溶水后泼洒。

【注意事项】不要与化肥或其他药物一起存放或混用。

4. 腐殖酸

【特性】一种高分子的有机物质，外观大多数为黑色粉状，溶于水，呈碱性，含有羟基、羧基等多种活性基团、具有离子交换、吸附、络合、絮凝、分散和黏结等多种功能。

【用途】促进有益浮游微藻繁殖，改善土壤结构，络合水体有害物质，提高水体缓冲力，絮凝水中悬浮物。

【用法用量】视含量不同而用量各异，使用时加水稀释后全池泼洒。

【注意事项】拆封后尽快用完。

5. 增氧剂

【特性】一类与水发生反应产生氧气的物质，常见的市售产品中主要含有过氧化氢（液体）、过氧化钙（粉状）、过硼酸钠（粉状）和过碳酸钠（颗粒状）等。

【用途】增加水体溶解氧的含量，防治对虾缺氧。

【用法用量】视有效氧含量不同而异，液体状的加水稀释后泼洒，粉状或颗粒状的直接泼撒。

【注意事项】严禁与酸、碱、金属、易氧化物等混合；开封后应尽快使用。

6. 水体解毒剂

【特性】以有机酸或辛桂有机盐为主要成分的一类产品，通过吸附、离子交换和络合作用能够消除、缓解有毒物质和有害水质对对虾造成毒害和应激。

【用途】降低水体中重金属、残留药物、有毒藻类的毒性，优化水质。

【用法用量】视成分不同用量各异。使用时加水稀释后全池泼洒。

【注意事项】视水质恶化程度，可适量增加用量。

7. 底质改良剂

【特性】以沸石粉为主要原料，与其他成分（如有益菌、中草药、增氧物质等）复配而成，具有不同功能的一类产品。

【用途】主要为改良水质和底质，具体视成分不同而侧重点各异。

【用法用量】一般30~45千克/（公顷·米），干撒或加水稀释后全池泼洒。

【注意事项】开启后尚未用完的应密封保存。

四、水体消毒剂

1. 漂白粉

【特性】化学名为含氯石灰，是次氯酸钙、氧化钙和氢氧化钙的混合物，有效氯不得少于 25.0%。使用时其主要成分次氯酸钙遇水产生具有杀菌力的次氯酸和次氯酸离子。

【用途】清塘时用于杀灭病原微生物和敌害生物，养殖过程中主要用于细菌性疾病的治疗。

【用法用量】以 1 米水深计，每公顷用量为：带水清塘消毒为 150～450 千克，养殖过程中消毒为 15～22.5 千克。

【注意事项】密闭贮存于阴凉干燥处，使用时正确计算用药量，现用现配，宜在阴天或傍晚施药；忌与酸、铵盐、硫黄和许多有机化合物配伍。

2. 二氧化氯

【特性】一类新型的消毒剂和水质净化剂。本品有较强的氧化性，能氧化分解微生物蛋白质中的氨基酸从而使微生物死亡。

【用途】水体消毒，杀灭细菌、芽孢、病毒和原虫。

【用法用量】一元二氧化氯直接溶水稀释后泼洒；二元二氧化氯需先进行活化 5～10 分钟后再稀释泼洒。

【注意事项】

（1）保存于通风阴凉避光处。

（2）盛装和稀释应选用塑料、玻璃或陶瓷制品，忌用金属类。

（3）喷洒消毒操作时应戴上防毒面具，避免吸进散发出的气体。

（4）不可与其他消毒剂混合使用。

（5）户外消毒不宜在阳光下进行。

（6）杀菌效力随温度的降低而减弱。

3. 二氯异氰尿酸钠

【特性】杀菌消毒剂。杀菌谱广，对细菌的繁殖体、芽孢、病毒和真菌孢子等均有强杀灭作用，还有杀藻、除臭和净化水质作用。

【用途】对虾池水体及用具进行消毒。

【用法用量】全池泼洒，以1米水深计，每公顷用量为：预防时用量450～750克；治疗时1 500～3 000克；每天1次，连用3～4天。

【注意事项】用药时间应选择在9：00或17：00左右；稀释本品勿用金属容器；忌与油脂、酸碱相混合。

4. 聚维酮碘

【特性】由分子碘与PVP结合而成的水溶性能，缓慢释放碘的高分子化合物。与纯碘相比，其毒性小，溶解度高，稳定性好。

【用途】用于养殖过程水体消毒，防治细菌、真菌和病毒引起的疾病。

【用法用量】预防时用量为0.15～0.2克/米^3；全池泼洒；治疗时用量为0.2克/米^3；每天1次，连用2～3天。

【注意事项】不能与碱性药物同时使用；缺氧、浮头及天气异常时禁用；苗种养殖池剂量减半；水质清瘦、透明度高于30厘米时用量酌减。

5. 苯扎溴铵

【特性】别名新洁尔灭。属表面活性剂，能降低水溶液表面张力，可促进水的扩展，可渗透进入微细孔道，通过改变界面的能量分布，改变细菌细胞膜通透性，影响细菌新陈代谢；还可使蛋白变性，灭活菌体或虫体内多种酶系统。

【用途】可杀菌消毒、杀灭固着类纤毛虫，此外，还可以净化虾池底部的腐土臭泥。

【用法用量】防治固着类纤毛虫病，每立方米水体100～200

克，浸浴 24 小时；每立方米水体苯扎溴铵 0.5～1.0 克与高锰酸钾 5～10 克遍洒，保持浸浴 4 小时后，大量换水，1～2 天后再用生石灰，可净化池底。

【注意事项】水溶液不得贮存于聚乙烯瓶内；不能在酸性环境下使用。

6. 螯合铜

【特性】杀藻剂，可阻碍藻类的光合作用，使池中的丝状藻和浮游藻类等不能合成本身所需要的营养成分而死亡。

【用途】杀灭池水中蓝藻等有害藻类。

【用法用量】0.6 克～1.2 克/米³，全池泼洒。

【注意事项】对虾体质较弱时慎用；若池塘中氨氮、亚硝酸盐等浓度较高，或其他原因引起水质不良时，应先改善水质后再使用本品；投药后需及时增氧，防治藻类死亡而导致缺氧情况的发生。

第八章

养殖病害综合防控

病害对养殖生产影响极大，病害防控是搞好对虾养殖生产的重要内容，贯穿养殖的始终。导致养殖的南美白对虾发病的原因很多，归纳起来主要有三点：一是对虾自身，即内在因素；二是养殖环境，即外界因素；三是对虾敏感的病毒、细菌、寄生虫或其他微生物，即病原因素。这三种因素在对虾病害发生的过程中关系密切。由于自身免疫系统的低劣性，对虾更容易受到敏感生物的侵袭，当条件成熟或其生存的外部环境发生变化（渐趋变化或突然恶化），且当这一变化足以引诱潜伏的敏感病原生物的"侵略意愿"时，如果不采取积极应对措施，病害将发生。

第一节　病毒病及防控

有资料可查的南美白对虾的病毒性疾病，包括有对虾桃拉综合征（TSV）、白斑综合征（WSSV）、传染性皮下及造血组织坏死病（IHHNV）和对虾肝胰腺细小样病毒病（HPV）等，其中，前三者已分列国家二、三类动物疫病名录，在广东省对虾养殖地方标准中，严禁携带前三者病毒的亲虾用于繁育生产。通过分析南美白对虾主产区的对虾病害发生情况，发现桃拉综合征（TSV）、白斑综合征（WSSV）是主要病害，而传染性皮下及造血组织坏死病（IHHNV）和对虾肝胰腺细小样病毒病（HPV）则较少发生。

一、南美白对虾的病毒性疾病

1. 桃拉综合征

【病原】对虾桃拉综合征为感染桃拉病毒（TSV）引起。TSV 是一种直径约 31～32 纳米的球状单链 RNA 病毒，主要宿主为南美白对虾和细角滨对虾，随引进南美白对虾亲虾而进入我国。该病始于 1999 年在我国台湾地区大规模暴发，导致台湾地区南美白对虾的养殖刚刚起步就遭到严重的挫折。感染该病的对虾死亡率接近 60%。

【症状及病理变化】绝大部分病虾表现为红须、红尾，体色变成茶红色，部分病虾的症状呈隐性，症状不明显，身体略显淡红色，尤其是尾扇变红，并在病毒感染下形成不规则透明区（白色区域）。甲壳感染部位往往形成色素沉着，显微观察呈现以黑色为中心的暗红色放射性斑区（图 8 - 1）。

图 8 - 1　感染 TSV 的南美白对虾病理情况示意图

（左图示感染 TSV 的南美白对虾；左中图示感染虾尾扇病变；右中图示甲壳上形成色素沉着；右图示感染虾显微镜下的甲壳病变）

病虾摄食量减少或不摄食，因而往往空胃，消化道内没有食物；在水面缓慢游动，随着病情加重数量会渐渐增加，池塘边有少量病虾死亡，捞取缓慢游动病虾离水后不久便死亡。

资料显示，该病在我国大部分南美白对虾养殖密集区均有发生，湛江地区的养殖监测显示该病伴随养殖全过程。发病南美白对虾一般体长在 6～9 厘米居多，投苗放养后的 30～60 天期间易发病。发病虾池多数底质老化，水体氨氮及亚硝酸氮浓度过高，池水透明度在 30 厘米以下。

【发病特点】对虾桃拉综合征有患病急、病程短、死亡率高和耗氧量大的特点。一般早春放养的幼虾易发生急性感染，病虾病程极短，从发现到拒食的时间仅仅 4～6 天，而后转入大量死亡，通常在 10 天左右之后症状有所减缓，转入慢性死亡阶段，时有死虾发现。患病幼虾死亡率可达 50％以上，最高达 80％～90％，基本全军覆没；而成虾则易发生慢性感染，死亡率相对较低，在 40％左右。患病虾池耗氧量大，易出现缺氧症状，这或许是池塘内部微环境平衡系统早已出现问题的原因，也可能是病毒暴发的诱因之一。

2. 白斑综合征

【病原】对虾白斑综合征病原是一种不形成包涵体、有囊膜的杆状双链 DNA 病毒——白斑综合征病毒（WSSV）。在病虾表皮、胃和鳃等组织的超薄切片中，电镜下可发现一种在核内大量分布的病毒粒子，该病毒粒子外被双层囊膜，纵切面多呈椭圆形，横切面为圆形；囊膜内可见杆状的核衣壳及其内致密的髓心。

1993 年以来，对虾白斑综合征病毒在我国沿海养殖区流行甚广，几乎在对虾养殖区普遍发生，危害性极大，给对虾养殖造成严重打击。随着南美白对虾的淡化养殖，白斑病毒对淡化养殖对虾的影响也逐步显示出来。从全国各地的对虾养殖病害的发生、发展情况看，以往在淡水甚至半咸水中很少发现的白斑病越来越多，造成的损失也越来越大。

该病在我国大部分对虾养殖密集区均有发生，湛江地区的养殖监测显示，该病基本伴随养殖全过程，目前，该病对对虾养殖的危害排名第二位，感染 WSSV 的对虾死亡率超过 50％。发病南美白对虾病虾小者体长 4 厘米，大者 7～8 厘米以上，投苗放养后的 30～60 天期间易发病。发病前期水体理化因子变化较大，水体的透明度较小，有机耗氧量较大。

【病症及病理变化】白斑综合征病毒主要对对虾的造血组织、结缔组织、前后肠的上皮、血细胞、鳃等系统进行感染破坏。急性感染引起对虾摄食量骤降，头胸甲与腹节甲壳易于被揭开而不黏着真皮（即所谓的头胸甲易剥离），并在甲壳上可见到明显的白斑（图 8-2），有些感染白斑综合征病毒的病虾也显示出通体淡红色或红棕色（在南美白对虾的发病中尤为体现），这可能是由于表皮色素细胞扩散所致。

病虾一般停止摄食，行动迟钝，体弱，弹跳无力，漫游于水面或伏在池边、池底不动，很快死亡。病虾体色往往轻度变红或暗红或红棕色，部分虾体的体色不改变。

发病初期可在头胸甲上见到针尖样大小白色斑点，数量不是很多，需注意观察才能见到，在显微镜下可见规则的"荷叶状"或"弹着点"状斑点（图 8-2），可作为判断的初步依据。此时对虾依然摄食，肠胃充满食物，头胸甲不易剥离。

病情严重的虾体较软，白色斑点扩大甚至连成片状，严重者全身都有白斑，有部分对虾伴有肌肉发白，肠胃也没有食物，用手挤压甚至能挤出黄色液体，头胸甲与皮下组织分离，很容易剥下（图 8-2）。

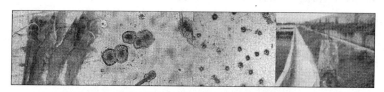

图 8-2　感染 WSSV 的南美白对虾病理情况示意图

（从左至右图示分别为：患病虾及易于剥离的头胸甲、早期胸甲上显微观察到的"荷叶状"、"弹着点"状斑点和发病后期连片的白色斑点）

病虾的肝胰脏肿大，颜色变淡且有糜烂现象，血凝固时间长，甚至不凝固。

【发病特点】对虾白斑综合征有患病急、感染快、死亡率高和易并发细菌病等特点。WSSV 的毒力较强，从对虾出现症状到死亡只有 3～5 天的时间，甚至更短；此病感染率较高，7 天左右可使池中 70% 以上的虾得病；监测显示，一般虾池患病对虾死亡率可达 50% 左右，最高达 70%～80%，基本全军覆没。白斑病也常继发弧菌病，使病虾死亡更加迅速，死亡率也更高。

3. 传染性皮下组织和造血组织坏死病毒病

【病原】传染性皮下组织和造血组织坏死病毒（IHHNV）为细小病毒科，是一种单链 DNA 病毒。病毒感染外胚层组织，如鳃、表皮、前后肠上皮细胞、神经索和神经节，以及中胚层器官，如造血组织、触角腺、性腺、淋巴器官、结缔组织和横纹肌，在宿主细胞核内形成包涵体。

【症状】该病是南美白对虾常见的一种慢性病，在美洲和亚洲大部分地区存在。患此病的病虾身体变形，尤其多出现于额角弯向一侧，第 6 体节及尾扇变形变小，故又称为矮小变形症。

患病对虾死亡率不高，但养不大，致使产生许多超小体型对虾。养殖对虾患此病后，损失比死亡还大，因为在未发现之前，一直要进行喂养，同时使用水电及人工等。

湛江监测区的养殖者因为得到病害防治员、测报员的指导，购苗时小心谨慎，现尚未发现此类病害出现。但在实际养殖生产中，确实有不少的养殖场发生此病，基本以小型养殖农户为主，有的养殖场养殖 100 多天后，对虾仍然只有 4～7 厘米，看了令人心酸。一般在发病虾塘周围其他养殖池塘的对虾没有被感染，推断此病主要以垂直传播为主，只要对亲虾严格选择，该病可控性较强。养殖者万一购买到携带此病的虾苗，养殖 30～50 天后，若发现养殖虾仍然"长不大"，应立即送检确诊，确定病因后应当机立断及早处理。

4. 肝胰腺细小样病毒病（HPV）

【病原】由一种直径只有 22～24 纳米的球状 DNA 病毒引起的，主要侵犯肝胰腺及中肠。

【症状】早期发病的对虾，可见肝胰腺及中肠变红，甚至变粗，以及肝胰腺肿大。后期在有细菌感染时肝胰腺糜烂，无合并感染时则肝胰脏萎缩硬化。患病对虾摄食量减少，生长缓慢或停止生长，虾体消瘦、体软。

二、病毒病的诊断方法

病毒病可依据病症和病理变化初步诊断，使用分子生物学技术确诊。目前可应用的确诊技术包括：PCR 和 RT-PCR 技术；核酸探针技术；TE 染色法；原位杂交技术；点杂交技术等。在国家或行业标准中，使用 PCR 和 RT‑PCR 技术对对虾病毒病进行确诊。

1. PCR 和 RT‑PCR 技术诊断对虾病毒病 南美白对虾常见的 TSV、WSSV、IHHNV 和 HPV 等几种病毒的诊断，目前都有了相关的国家标准或行业标准，即相关的 PCR 和 RT‑PCR 检测技术。PCR（聚合酶链反应）是一种体外核酸扩增系统；RT‑PCR 是针对 RNA 病毒的反向 PCR 操作。

使用 PCR 和 RT‑PCR 检测技术检测对虾病毒，首先在对虾易感染部位（如鳃、肌肉、上皮等）获取病毒源 DNA 或 RNA，加入一定的反应体系，在专用设备 PCR 仪器上大量扩增特定病毒的特定片段，最后通过凝胶电泳检查扩增产物，以判断样品中是否有病毒的存在（图 8‑3）。

图 8‑3 病毒 PCR 检测

（左图示工作人员检测中；右图示 PCR 结果）

PCR检测方法灵敏度高，可以作为对虾病毒病确诊依据。但存在污染危险，因此应具备相应资质的单位方可操作。

2. 病毒病的确诊

（1）对虾肝胰腺细小样病毒病（HPV）的诊断　可依据发病虾的症状初步诊断，疑似病虾可送有资质的单位使用PCR技术进行确诊。

（2）传染性皮下组织和造血组织坏死病毒病的诊断　对虾养殖30～50天后，仍然"长不大"，可作为疑似病例送有资质的单位使用PCR技术进行确诊。

（3）对虾白斑综合征的诊断　可依据发病对虾的症状初步诊断，疑似病虾可送有资质的单位使用PCR技术进行确诊。

（4）对虾桃拉综合征的诊断　可依据发病对虾的症状初步诊断，疑似病虾可送有资质的单位使用RT-PCR技术进行确诊。

三、对虾病毒病的传播方式

当前，病毒病是对虾养殖生产中潜在的危害最大的一类疾病，在养殖环境正常情况下，病毒一般处于潜伏状态，携带病毒的对虾也不表现出症状。然而，一旦水质突变、条件成熟，"潜伏"者（病毒）便开始"兴风作浪"，大肆进行破坏活动了。

我国引入南美白对虾的同时，也引入了TSV。但在引入南美白对虾我国已发现了WSSV、IHHNV和HPV等病毒病。研究者发现，这些病毒可感染虾类（包括龙虾）、蟹类和多种水生甲壳类生物（如水生昆虫、桡足类、海蟑螂等），加之，在未受干扰的情况下，离体的病毒"能以无生命的化学大分子状态长期存在并保持其侵染活性"，因此，经过多年的养殖生产后，对虾病毒可谓无处不在。一般情况下，病原体（病毒）从传染源到新的宿主（对虾）之间的传播需借助一定的媒介，即传播途径。研究表明，对虾病毒病的传播途径有垂直传播和水平传播两种：

1. 垂直传播　亲虾通过繁殖，将病毒传播给子代（虾苗）。也就是说，如果使用了携带某种病毒的亲虾进行繁育生产，其生产的后代虾苗将成为危险的病毒携带者。

2. 水平传播　健康的养殖对虾在池塘中受到某种病毒感染的传播方式。这种方式可通过摄入（经口）感染、侵入感染（如鳃部侵入）等途径进行。

（1）摄入（经口）感染

①健康对虾摄食病、死虾被感染，这种传播方式往往发生在发病初期。对虾是弱肉强食的水生动物，互残现象明显。当水质变化，原本感染病毒的对虾首先发病，体弱或死亡时，健康的大个体对虾争相竞食这些弱者，因此感染病毒并发病。这也是我们在对虾发病死亡时看到总是个体较大的对虾首先死亡、而死亡的对虾肢体不全的原因。

②健康对虾摄食携带病毒的飞鸟、田鼠（食病虾）粪便被感染，成为病毒携带者。

③健康对虾摄食携带病毒的浮游生物如卤虫（丰年虫）、桡足类、水生昆虫等被感染，成为病毒携带者。

④健康对虾摄食携带病毒的甲壳类水生动物尸体如杂虾、蟹类等被感染，成为病毒携带者。

（2）侵入感染

①对虾潜伏底泥，伤口感染底泥中游离的活性病毒大分子，成为病毒携带者。

②对虾鳃部遭到破坏，感染水中游离的活性病毒大分子，成为病毒携带者。

一般认为，对虾病毒病的垂直传播途径的危害大于水平传播；而水平传播途径中病毒的摄入感染的危害远大于侵入感染。

四、对虾病毒性疾病的发病机理

湛江测报区监测表明，季节转换、养殖水温的反复变化，可能诱发对虾桃拉综合征大规模暴发。一是在春夏相交的 4 月和 5 月，一般气温剧变后的 1~2 天内，尤其是水温在对虾适宜生长水温的下限附近（即 28℃附近）反复震荡期间；二是在下半年的水体温度从高温回落过程中，一般是 10 月和 11 月，池塘水温渐降，若有反复，也易发病。两个阶段相比较，以春夏之交更易引发对虾桃拉综合征的暴发。

白斑综合征的发病规律和桃拉综合征有诸多相似之处。研究认为，养殖水体环境变差或环境因子出现急骤变化，可诱发病毒病的暴发。

1. 携毒虾苗养殖中病毒病发生机理　养殖场直接放养了携带病毒的虾苗，当养殖环境随养殖时间的增加而改变，或因自然条件而突然改变时，后者如高温、寒潮、台风天气等，养殖水体中的理化因子发生了变化，对虾产生"紧迫"感，干扰了对虾的正常机能和代谢，对虾抵抗力下降，潜伏的病毒趁机大量复制增加，病害暴发。

这种情况往往发病急、死亡率高，使养殖者措手不及。春末、夏初多寒潮，有的农户很勤奋，早早打理好养殖场，见天晴就迫不及待放苗，没过几天寒潮来袭，再到虾塘看看，虾苗已所剩无几了（图 8-4）。

2. 健康虾苗养殖中病毒病发生机理　养殖场放养了健康的虾苗，在养殖过程中逐渐通过水平传播途径部分感染了病毒，养殖环境发生改变后，感染者病发身亡，健康者通过摄食病死者再感染，病况逐渐扩大、加重，最后全部感染。

这种情况的病毒病属缓慢发生，可分为几个阶段，即发病初期、急性发病期、衰竭期和平稳期。发病初期，部分通过水平感

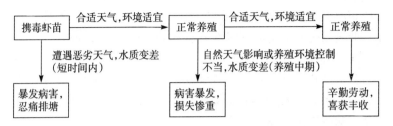

图 8-4　垂直传播携毒虾苗养殖中病毒病发生情况

染的携毒对虾开始陆续发病、死亡，健康对虾（尤其具竞争优势者，养殖户称为"大个体"）残食病死个体而陆续携毒，几日或数日后，集中暴发，进入急性发病期，对虾开始大批量死亡，一般持续几日后死亡量开始下降，进入衰竭期，或者是因为剩余对虾数量已较少，或者是因为剩余对虾已具备了相应的抵抗力，最

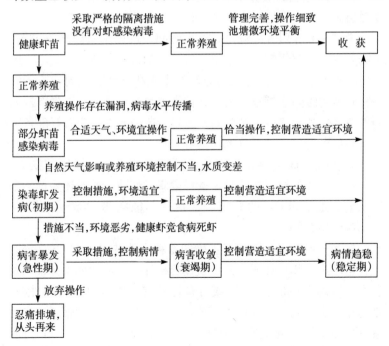

图 8-5　健康虾苗水平传播感染病毒养殖中病毒病发生情况

后患病池塘对虾逐渐停止死亡，偶见少量（一般数尾）死亡现象，即进入平稳期。对虾慢性病毒病的发生，一个周期约 15～20 天时间不等。

正常养殖条件下，多数养殖场对虾病毒病的发生属于第二种情况。养殖者在发病初期应及时诊断，对症下药，切断后续发病链条，减少损失（图 8-5）。

五、对虾病毒病防控措施

根据对虾病毒病的发病规律、传播方式和发病机理，应从以下几个方面防控对虾病毒病。

1. 选择适宜的放养季节 对虾病毒病有极强的季节性特征，春夏相交、天气未稳，寒潮多发时节，病毒病多发。

建议一般养殖者尽量避开这段时间，可先期做好准备工作，积极关注中长期天气预报，待天气稳定后才开始养殖生产。"退一步海阔天空"，别让他人的养殖安排扰乱自己的计划，一年中适宜养殖的时间还是很长的。具备优越生产条件、良好操作技能的养殖者，若要争取养殖时间差，早造苗的放养也应做好准备工作，并尽可能只安排部分池塘进行养殖。

2. 严格选择苗种 前面分析过病毒的垂直传播影响最大，因此，一定要严格选择苗种。选择健康的虾苗，关键还要选不携带特定病毒（SPF）的虾苗，特别是不能携带 WSSV、TSV、IHHNV 和 HPV。

作为养殖对象，选择了正确的苗种，就选对了方向。因此，让育苗场出示相关证明（虾苗检疫合格证、虾苗幼体来源证明及其亲本检疫合格证明等），或者自行请有关资质单位检测种苗，都是相当必要的。假如放养的苗种未经检测，但却携带了传染性皮下造血组织坏死病毒（IHHNV），至少需要 1 个月的时间，才敢怀疑养殖的对虾"是否长得大"，到最后确诊，可能"赔了夫人又折兵"。因此，花点儿时间用于苗种选择是绝对值得的。健康的虾苗如图 8 - 6 所示。

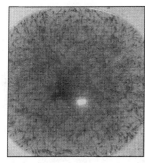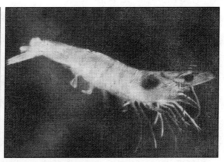

图 8 - 6　健康的虾苗

3. 根据养殖条件及管理技术水平，控制合适的放养密度
放养密度过高，不但会导致管理成本上升问题，还会因投饵多等污染水环境，致使对虾易发病，得不偿失。

4. 做好池塘生态环境的改善和优化　需要反复强调，水质因子的改变（这可能是渐变后的质变，也可能由于自然天气影响发生的骤变）"胁迫"对虾，引起病害发生。因此，一定要做好池塘生态环境的改善和优化，保持良好的池塘微生态平衡。具体做到以下几点：

（1）上一茬养殖收成后，池塘要彻底清淤、晒池或洗池；开始养殖之前，池塘清污、灭菌消毒要彻底。

（2）养殖池塘和水体常规处理以后，放养虾苗之前，妥善施用浮游微藻营养素和有益菌（以芽孢杆菌为主）培养优良藻相和菌相，营造良好水色和合适透明度，才放养虾苗。

（3）养殖过程中每隔 7～10 天施用芽孢杆菌，同时适时使用乳酸菌和光合细菌，及时降解转化养殖代谢产物，既削减自身污染，又将其转换成浮游微藻能吸收利用的营养素，维持稳定的优良藻相和菌相。

（4）养殖过程应适当换水，以保持水质的新鲜度。换水应换砂滤水，最好能够使用沉淀储水池，消毒后用于换水，以减少外源环境的影响和交叉感染。

（5）养殖过程注意保持养殖水体中充足的溶解氧，既促进对虾正常生长，又有利于代谢产物的降解转化。

5. 加强饲养管理

（1）用符合对虾营养需求的优质配合饲料，根据虾池基础饵料的状况、天气变化以及对虾的生长发育状况准确掌握投喂量，提倡少量多次的投喂方式。

（2）加强水质监控管理，使对虾处于良好环境中生长。

（3）加强养殖对虾的营养免疫调控，适当加喂益生菌、免疫蛋白、免疫多糖、多种维生素和中草药等，增强对虾的非特异性免疫功能，提高对病毒的抵抗力。

（4）在病害发生期和环境突变期，少进水甚至不进水，加喂中草药、维生素 C 和大蒜等，提高对虾的抗应激力、免疫力和抗病毒能力，预防病毒病的发生和蔓延。

6. 早发现、早诊断、早治疗　养殖过程做好巡塘工作，勤观察对虾的活动、摄食和水色、藻相、水质的变动状况，及早发现病情，作出诊断，采取措施，一方面稳定良好水质和藻相，另一方面加强营养免疫调控，控制病情发展和蔓延，必要时可小心采用季铵盐络合碘等安全高效的水体消毒剂进行水体消毒。

7. 病毒病发病初期确诊后的治疗措施　病毒对一般抗生素不敏感，但对干扰素敏感，有报道卤族元素的化合物（二氧化氯、聚维酮碘等）可使游离的对虾病毒大分子（如 WSSV）失去感染活性。但病毒病的发生往往是水质变差、池塘微生态系统失调的标志，细菌等病原也可能并发感染养殖对虾。所以，病毒病发生初期，应从重建池塘微生态平衡、杀灭游离病毒大分子、切断继续感染途径（如将病、死虾捞起）、防止细菌等病害并发入手进行治疗。

（1）病毒病发生初期的一般操作措施

①控制投料，减料，甚至停喂，直至水质改良，对虾食欲增加为止。

②全面持续启动增氧机。

③使用化学增氧剂、底质改良剂和中草药等，降解水中有毒物质。

④使用毒副作用小的药物，如络合碘、三黄粉和优碘灵等进行水体消毒，可连续2~3天。一方面可以杀灭游离的病毒大分子，使失去感染活性；另一方面抑制细菌等病害，防止并发细菌疾病。

⑤消毒1~2天后，肥水培养浮游微藻，培养时可适当添加糖类物质（蔗糖、红糖或免疫多糖等）；若浮游微藻也发生了变化，从藻相较好的池塘中引进塘水进行培养效果较好。同时使用微生态制剂等修复池塘微生态平衡系统。

⑥坚持每天打捞病虾，清理死虾，切断其主要的摄入（病、死虾）性感染途径。

（2）针对不同病毒采取相应措施

①传染性皮下组织和造血组织坏死病毒病：感染该病毒的对虾已无治疗价值，确诊后用漂白粉杀灭，尸体移出养殖区，用漂白粉覆盖后掩埋处理。彻底清理池塘，休整，重建池塘平衡系统后才进行养殖生产。

②对虾桃拉综合征：在采取综合性操作措施的同时，可内服解毒强体类药物。

a. 拌料饲喂营养强化剂，如对虾多维、健力素和硬壳素等，增强免疫抗病力。

b. 拌料饲喂抗毒解毒剂，如虾康素、红体白浊消和中药复方制剂等，扶正祛邪，逐瘀解毒。

③对虾白斑综合征、对虾肝胰腺细小样病毒病：

a. 拌料饲喂多维、维C或中草药（黄芪、甘草）等，提高对虾免疫力和抗病力。

b. 拌饵饲喂作用于病原体药物，如三黄粉等多种中草药的复方制剂，可强肝利胆，逐瘀排毒。

8. 病死虾及虾塘的无害化处理 随意的处理病死虾和排放死虾池塘的养殖废水，会造成病毒的扩散，污染海区水域，传播病害。越来越多的养殖者，已意识到合理处置病死虾及其养殖废水的重要性。

（1）病、死虾应捞起，运输至养殖区 2 千米外，用生石灰或漂白粉消毒，掩埋处理。

（2）池塘水应在消毒处理后再排放。治疗期间的换水，也应做适当消毒处理后再排放；放弃养殖拟排塘的池塘，应施用漂白粉彻底杀灭水体生物，停置 4～5 天后再排放。

第二节 一般病害及防治

一、细菌性疾病及防治

细菌性疾病在对虾养殖中最为常见，而且是危害较大的一类疾病。与病毒病不同，细菌性疾病的病原可以进行人工培养，在光学显微镜下一般都可以看见，用化学药物可以进行防治。细菌从形态可以分为球菌、杆菌和螺旋菌三大类。细菌属于原核生物，即细胞核没有核膜和核仁，没有固定的形态，仅是含有DNA 的核物质。所有细菌可分为革兰氏染色阴性（红色）和为革兰氏染色阳性（紫色）两大类。大多数革兰氏染色阴性细菌为条件致病菌，平时生活在水体中、底泥中或健康的虾体上，在虾体受伤或环境条件恶化时，就可能大规模繁殖，进而侵入对虾体内并引发细菌性疾病。常见的细菌性疾病有以下几种：

1. 红腿病或细菌性红体病

【病原】由副溶血弧菌、溶藻弧菌和鳗弧菌感染引起。

【症状】病症是附肢变红色，特别是尾扇、游泳足和第 2 触角呈红色，乃至全身变红或出现断须现象，头胸甲的鳃区呈黄色，病虾在池边缓慢游动，厌食（图8-7）。

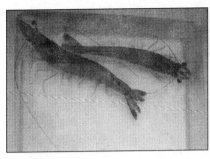 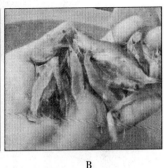

A   B

图8-7 对虾细菌性红腿、红体病

A. 感染细菌的患病个体 B. 患病死亡的对虾

2. 烂鳃/黑鳃/灰鳃病　基本贯穿于养殖周期，本章第一节提到该病具有发病面积小、死亡率小的特点。

【病原】主要是因为该病为恶劣环境诱发产生，病原主要是细菌、寄生虫或丝状藻类感染所致，养殖环境改良、病原抑制后，病变可控制性较强。

【症状】病虾鳃丝呈灰/黑色，肿胀，变脆，然后从尖端基部溃烂。严重时对虾的整个鳃部都变黑/灰，糜烂和坏死，并完全失去正常组织的弹性。溃烂坏死的部分发生皱缩或脱落，有的鳃丝在溃烂组织与未溃烂组织的交界处形成一条黑褐色的分界线。病虾浮于水面，游动缓慢，反应迟钝，厌食，最后死亡，特别在池水中溶解氧不足时，病虾迅速死亡。

对虾鳃部感染，往往形成黑鳃/灰鳃，甚至溃烂坏死。实际生产中发现除细菌外，寄生虫如聚缩虫等纤毛虫类、丝状藻类等都可引起对虾黑鳃/灰鳃病症。因此，发现对虾鳃部变化后，应进行显微检查确诊。具体的方法是，取少量鳃小片制作成水玻片，置于显微镜下观察，确认病原（图8-8）。

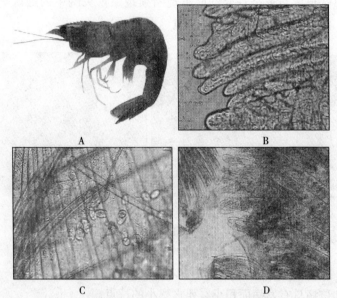

图 8-8 对虾灰/黑鳃病的诊断病例

A. 患病对虾　B. 细菌感染的鳃丝

C. 寄生虫感染的鳃丝　D. 丝状藻类感染的鳃丝

3. 烂眼病

【病原】由非 01 型霍乱弧菌感染引起。

【症状】病虾行动迟缓，常潜伏不动，眼球首先肿胀，由黑色变成褐色，进而溃烂脱落，有的只剩下眼柄，病虾漂浮于水面

图 8-9 烂眼病

病虾眼球溃烂脱落，仅留眼柄

翻滚（图 8-9）。

4. 褐斑病（甲壳溃疡病）

【病原】由弧菌属、气单胞菌属、螺旋菌属和黄杆菌属的细菌寄生感染引起。

【症状】病虾体表甲壳和附肢上有黑褐色或黑色斑点状溃疡，斑点的边缘较浅，中间颜色深，溃疡边缘呈白色，溃疡的中央凹陷，严重时可侵蚀至甲壳下的组织；病情严重时迅速扩大成黑斑，然后陆续死亡。病虾体表甲壳和附肢上附有黑色溃疡斑（图 8-10）。

5. 烂尾病

由几丁质分解细菌及其他细菌感染引起。

【症状】类似于褐斑病，起因于环境因素，如放养密度过高、水质不良、用药过量和底质老化等过度刺激，引起池虾碰撞受伤或在蜕壳时尾部受伤，遭受几丁质分解细菌及其他细菌的二次感染，使尾部呈现黑斑及红肿溃烂，尾扇破、断裂（图8-10）。

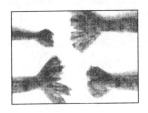 

患烂尾症的病虾尾部　　　　　　病虾体表甲壳溃疡

图 8-10　褐斑病和烂尾病

6. 肠炎病

【病原】由嗜水气单胞菌感染引起。

【症状】病虾游动缓慢，体质弱，消化道呈红色，有的胃部呈血红色，肠胃空，有液体或黄色脓状物，中肠变红且肿胀，直肠部分外观混浊，界限不清（图 8-11）。

病虾胃部呈血红色,中肠变红且肿胀

图 8-11　肠炎病

常见的细菌病防治措施如下：

（1）虾池在放养前彻底清塘，进水后使用二氧化氯消毒剂进行消毒。

（2）养殖全程定期使用芽孢杆菌制剂，适时使用光合细菌和乳酸菌，降解养殖代谢产物，维持好藻相和菌相，营造良好养殖环境，同时使有益菌成为优势菌群，抑制弧菌和单胞菌等条件致病菌的生长。

（3）养殖全程少换水，减少外源污染和病害交叉感染，减少养殖环境的波动对对虾造成应激反应；有淡水源的尽可能添加淡水，既能减少对虾病害，又可促进对虾蜕皮生长。

（4）在对虾发病的高危险季节，妥善泼洒二氧化氯等水体消毒剂。配合投喂大蒜及中草药制剂，每天 2 次，连用 3 天为一疗程，每 15 天重复一疗程。

二、由真菌或寄生虫引起的疾病及防治

真菌对于育苗生产的影响远大于养殖生产，在养殖生产中较为重要的真菌病为镰刀菌病。而在条件较差、水源不足、底部淤泥较多的池塘，寄生虫类的疾病往往多于正常养殖。研究认为，寄生虫病的发生，是养殖系统中水质恶劣和养殖对象体质较差，或存在某种潜伏性病害的佐证。

1. 镰刀菌病

【病原】为镰刀菌。其菌丝呈分支状，有分隔，生殖方法是形成大分子孢子、小分子孢子和厚膜孢子。大分子孢子呈镰刀形，故名为镰刀菌，有1～7个横隔。

【症状】镰刀菌寄生在鳃、头胸甲、附肢、体壁和眼球等处的组织内。其主要症状是被寄生处的组织有黑色素沉淀而呈黑色（图8-12）。镰刀菌寄生除了对组织造成严重破坏以外，还可产生真菌毒素，使宿主中毒。

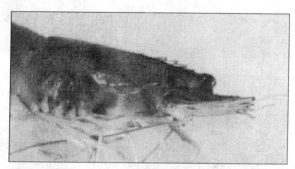

图8-12　镰刀菌引起的对虾鳃部疾病

【防治方法】

（1）预防措施：虾塘在放养前应彻底消毒；池水入池前尽可能经过砂滤。

（2）治疗方法：使用季铵盐络合碘进行水体消毒，以杀灭水体中的分生孢子和菌丝。但是，目前尚无有效办法处理对虾体内的镰刀菌及其分生孢子。

2. 固着类纤毛虫病

【病原】由钟形虫、聚缩虫、单缩虫、累枝虫或壳吸管虫等寄生引起。

【症状】发病对虾的体表、附肢和鳃丝上形成一层灰黑色绒毛状物，可致使鳃部变黑/灰色，形成类似细菌感染引起的黑/灰鳃病，严重时鳃部肿胀［参见本节细菌性疾病（二）对虾烂鳃、黑/灰鳃病］。感染此病的对虾呼吸和蜕皮困难，早晨浮于水面，反应迟钝，不摄食，不蜕壳，生长停滞（图8-13）。底部腐殖质多且老化的虾池，易发生此病。

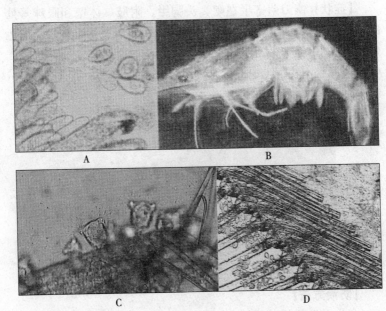

图8-13　感染对虾鳃丝的固着类纤毛虫

A. 大量钟形虫感染的病虾鳃丝　B. 大量纤毛虫附生病虾体表，好似附着一层毛状物

C. 壳吸管虫寄生在对虾鳃丝　D. 聚缩虫寄生鳃丝并造成鳃丝红肿性病变

【防治措施】

（1）养殖过程注意池塘底质和水质的改良，多使用芽孢杆菌降解转化代谢产物，避免施肥过度，不使用未经发酵熟化的有机肥，发生藻类死亡要及时使用芽孢杆菌等有益菌降解转化，同时，尽快重新培养浮游微藻种群。

（2）对虾发生固着类纤毛虫病时，可以全池均匀泼洒"纤虫净"，隔天全池泼洒二氧化氯制剂，再隔2天后泼洒有益菌制剂；

间隔 10 天后，再重复上述措施 1 次。在饲料中拌喂大蒜和中草药制剂，每天 2 次，连用 3～5 天。

3. 微孢子虫病

【病原】病原体是寄生在虾体上的孢子虫，在国外文献上报告的有 3 属 4 种。引起我国对虾疾病的微孢子虫尚需进一步研究。

【症状】主要是感染横、纵肌，使肌肉变白混浊，不透明，失去弹性。因为病虾感染部位肌肉明显变白，所以此病也称之为"乳白虾病"或"棉花虾病"（图 8 - 14）。

图 8 - 14　微孢子虫病
（示病虾（下）与健康虾对比）

【防治方法】此病尚无有效的治疗方法，主要是加强预防。虾池在放养前应彻底清淤和消毒，养殖过程发现受感染的病虾或已病死的虾只时，立即捞出并销毁，防止被健康的虾吞食或腐败后微孢子虫的孢子散落在水中扩大传播，进而感染健康的对虾。

三、其他生物性疾病及其防治

1. 蓝藻中毒

【症状及危害】养殖池水体中微囊藻等蓝藻（图 8 - 15）过量繁殖，导致透明度降至 20 厘米以下，当藻体大量死亡时，经细菌分解产生氨氮、亚硝氮和硫化氢等有毒物质，引起对虾中毒死亡。

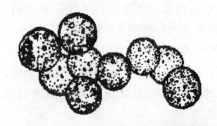

铜绿微囊藻(*Microcystis aeruginosa* Kutz.)

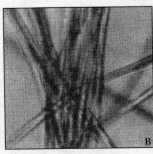

图8-15 蓝藻代表种〔颤藻的代表种：红海束毛藻
(*Trichodesmium erythraeum* Ehrenberg)〕
A. 片束群体（示意图） B. 群体（LM） C. 丝状体（LM）

　　当池水表层出现大量蓝绿色或铜绿色浮游藻类，有风时下风处水表层会积聚很多微囊藻，并伴有腥臭味。对虾就可能已经中毒。

【防控措施】

　　(1) 养殖过程科学投喂饲料，控制投饲量，以免残饵积累太多。

　　(2) 出现蓝藻繁殖过多时，使用光合细菌或乳酸杆菌与芽孢杆菌交替泼洒，反复3次，可有效抑制蓝藻繁殖和净化水质。

　　(3) 蓝藻繁殖泛滥时，可先使用络合铜全池泼洒杀死部分蓝藻，再使用芽孢杆菌分解藻类尸体，3天后重复1次。注意杀藻容易引起缺氧，必须开启增氧机加强增氧，以防泛塘。

2. 夜光藻

【症状及危害】在对虾养殖后期，由于有机质积累，利于夜光藻的生长（图8-16）。夜光藻虽然本身不含毒素，但是，如果它大量繁殖形成赤潮时，大量地黏附于对虾的鳃上，从而阻碍对虾呼吸，会导致对虾窒息死亡。而对虾死亡分解过程中所产生的尸碱和硫化氢，能渗透出高浓度的氨氮和磷，可诱发微型原甲藻的大量繁殖。微型原甲藻是一种有毒的赤潮生物，一旦形成赤潮，其危害程度也就更大，使养殖水体变质，危害水体生态环境。

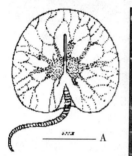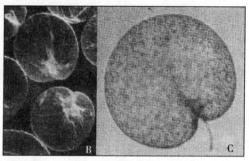

图8-16　夜光藻［*Noctiluca scintillans*（*Macartney*）
Kofoid & Swezy，1921］
A. 腹面观（示意图）　　B～C. 细胞外形（LM）

【防控措施】

（1）夜光藻数量不是很多的情况下，可以同时施用光合细菌和芽孢杆菌，对夜光藻有一定抑制效果，同时可改善水质。

（2）出现夜光藻较多时，有条件的要及时进行换水，同时增开增氧机，增加水体溶解氧。

（3）在进行换水效果不明显时，使用含铜类的杀藻剂，最好是使用络合铜，同时注意增氧，并使用有益菌以分解夜光藻的尸体。

3. 甲藻

【症状及危害】主要是裸甲藻和多甲藻（图8-17）。裸甲藻为蓝绿色，多甲藻为黄褐色，水色在阳光照射下呈红棕色，水

"黏"而不爽，多泡沫。其危害是造成水体中溶解氧低，进而引起甲藻死亡，而产生甲藻素，使对虾中毒，并导致水体缺氧，使对虾浮头。

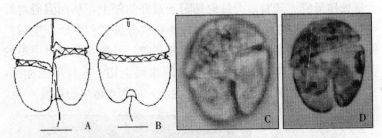

图8-17 甲藻代表种［长崎裸甲藻（*Gymnodinium mikimotoi* Miyake & Kominami ex Oda，1935）］

A～B. 腹面观及背面观（示意图） C～D. 腹面观及背面观（LM）

【防控措施】同夜光藻的防控方法。

4. 浮游动物过多

【症状及危害】养殖水体中浮游动物如轮虫、枝角类、桡足类（图8-18）等大量吞食浮游微藻而迅速繁殖，致使养殖水体

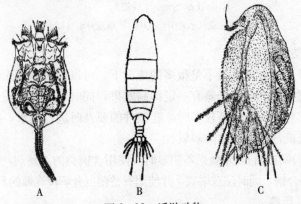

图8-18 浮游动物

A. 壶状臂尾轮虫（*Brachionus urceus*） B. 桡足类—中华哲水溞（*Calanus sinicus Brodsky*） C. 枝角类—鸟喙尖头溞（*Penilia avirostris* Dans）

中浮游动物过量繁殖，而浮游微藻被吞食至尽，于是出现了水体产氧能力极低、耗氧增大、氨氮和亚硝酸过高的状况，即"转水"。

由于浮游动物过多，造成浮游微藻急剧减少，随后浮游动物有大量死亡，"水色"显示出先白浊后清澈、透明度增大的变化，给对虾的生长造成不良影响。

【防控措施】

（1）出现浮游动物大量繁殖时，减少投喂饲料的次数和数量，尤其在幼虾阶段，适当断食，让虾只摄食浮游动物。

（2）在水源保证的前提下适当换水，最好是一边加注新水，一边排出底部水，降低有机碎屑的浓度。

（3）水源有限的情况下，可适当使用化学药物杀死部分浮游动物，再施用水质底质改良剂絮凝沉淀悬浮有机质，降低有害物质，净化水环境。之后，加注一定量的新水，施用无机营养素和芽孢杆菌重新培养藻相和菌相。

四、非生物性疾病的防治

1. 对虾肌肉坏死病

【病因和症状】肌肉坏死病是由于发病对虾横纹肌（特别是腹部末端处）呈不透明的白浊而得名。随着对虾养殖技术的日益进步，养殖密度逐渐增加，本病也不断攀升。湛江监测区在2008年8月至2009年8月间，本病发生面积达到380公顷，占发病总面积的16.03%，危害颇大。

肌肉坏死病主要是由于不适宜的环境引起的，如水温或盐度突然变化、溶解氧过低、放养密度过大、水质因子突然变化过大和粗野的操作等。

该病的主要症状是对虾腹部肌肉变白，不透明，与周围正常组织有明显的界限，特别是靠近尾部腹节中的肌肉最常发生，进而迅速扩大到整个腹部（图 8-19）。如果消除刺激因素，病情可缓解，但如果受伤面积太大，可在 24 小时内死亡。

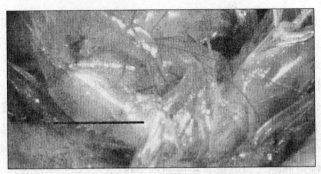

图 8-19　肌肉坏死的南美白对虾

【防控措施】

（1）放养密度不可过大。

（2）在夏季高温期，应加强换水，尽量保持高水位，防止水温过高和温盐的突然变化，保持良好水质，溶解氧充足。

（3）发现症状后应尽快找出并消除致病因素，改善环境条件，使症状减轻，在较短的时间内恢复正常。

2. 对虾痉挛病

【病因及症状】这种偶尔发生的对虾病，通常发生在温度较高的夏季，但监测表明春季也有发生。患病对虾在腹部背面有一个很硬难以伸展的弯曲。最典型的病例是发生在养殖对虾移动后。

引起对虾肌体痉挛的原因可能有：肌体缺乏钙、磷、镁及 B 族维生素等营养素；水体透明度过高，阳光直射强烈；水中钙磷比例失调等。

该病的主要症状是病虾躯干弯曲，背部弓起，僵硬，无弹跳力，不久死亡（图 8-20）。

【防控措施】

（1）饲料内适当补充添加钙、磷及维生素 B 等微量元素。

图 8-20　对虾痉挛病

（2）提高池塘水位，培养优良藻相，将透明度控制在 30～40 厘米，在水温 30℃以上时尽量少惊动对虾。

（3）适当水体泼洒含钙物质，如过氧化钙、农用石灰等，增加养殖水体的钙元素，调节钙磷比例。

3."死底"症（"偷死"症）

【病因及症状】在高密度养殖凡纳滨对虾的养殖后期容易出现这种情况，对虾在池底死亡，常不为养殖者所发觉，谓之"偷死"（图 8-21）。

图 8-21　高位池塘中央排污口处偷死的南美白对虾

对虾"偷死"的病因是放苗密度过大，管理设施跟不上或设置不合理，造成底部缺氧或局部缺氧，水质变坏，加之养殖后期投饵量大，虾池底部有机物、氨氮和亚硝酸氮积累增多。据报道，低盐度虾池亚硝酸氮高于 0.6 毫克/升虾池，底部即出现大量死虾，即出现"死底"现象；高盐度虾池水体亚硝酸氮高于 4

毫克/升，也会发现"死底"现象。

"偷死"的对虾大多软壳，似刚蜕皮症状，身体微红，似氨氮、亚硝酸中毒迹象。因高位池养殖对虾"偷死"现象仅发生在池塘中央排污处，池塘四周少有发生，推测"偷死"可能与对虾的蜕壳有一定关系。甲壳类动物蜕壳时，一般会寻找安静处所，在养殖密度较高、有排污设施的池塘中央，往往没有增氧设施，夜晚该区域溶氧急剧下降，监测显示有时溶氧可为零（虽然池塘四周的增氧机不停工作），正常的虾都游开了，所以该区域也就是急需蜕壳的对虾急于寻找的"安静处所"了，而由于溶氧少，氨氮、亚硝酸氮积聚，因此来到此处的虾就只能"偷死"了。这或许就是造成"偷死"虾"红体、软壳"特殊症状的原因。

【防控措施】

（1）根据养殖池塘设施条件和管理技术水平，控制合适的养殖密度。

（2）养殖过程中保持水体溶解氧充足，利于代谢产物的完全降解转化，减少中间代谢产物氨氮、亚硝酸氮的产生。

（3）养殖过程使用芽孢杆菌降解转化代谢产物，清洁底质，减少代谢产物及残饵的累积；使用光合细菌、乳酸杆菌及其他水环境改良剂净化水质，保持良好生态。

4. 应激性红体

【病因及症状】当自然气候或养殖环境突然改变时，如出现寒潮、暴风雨和台风等，会造成养殖池塘水环境中理化因子骤然变化，引发病害，可能诱发病毒病、细菌病等。但有时发病的对虾并没有出现明显的生物性侵袭病症，只表现为身体变红，称之为"应激性红体"。

应激性红体可造成大面积的对虾死亡，如2008年9月下旬的台风"黑格比"正面袭击湛江，仅测报区发病面积即达200公顷，造成了养殖对虾的重大损失，多数虾死于"应激性红体"（图8-22）。因此，一定要重视气候的突变对养殖生产的影响。

图8-22 应激性红体造成的巨大伤害

【防控措施】

（1）根据养殖池塘设施条件和管理技术水平，控制合适的养殖密度。

（2）养殖过程使用芽孢杆菌降解转化代谢产物，清洁底质，减少代谢产物及残饵的累积；使用光合细菌、乳酸杆菌及其他水环境改良剂净化水质，保持良好生态。

（3）关注天气变化，短时期的重大自然天气变化（寒潮、台风和暴风雨，在养殖中期）前加强施肥培水，保持浮游微藻营养充足、生长平衡，以维持水体稳定，同时添加蔗糖或红糖，提高池塘氧化还原电位水平；天气变化期间准备充足的增氧剂，凌晨时分使用，防止底部缺氧泛塘，适当拌饵投喂抗病中草药、免疫增强药剂；寒潮、台风、暴风雨等过后，立即施肥培水，增加溶氧，待水体生态和对虾生长稳定后，见机消毒水体，施加芽孢杆菌、乳酸杆菌，修复池塘微生态系统。

（4）长时间的寒潮（冬季来临，基本在养殖后期），维持水质稳定的同时，抓紧时间收虾上市，以保障养殖利润。

5. 对虾蜕壳综合征（软壳病）

【病因及症状】这种偶然发生的对虾病害，主要表现为发病对虾甲壳长期柔软，较严重者虾壳会起破褶，并会呈现烂壳的病灶、体色变红、鳃丝发红或发白，活力差，体色灰暗，生长缓慢。

可能引起养殖对虾软壳的原因有：饲料营养不全或投喂不当引起营养缺乏，养殖水体受农药或化学药物污染，池水盐度短时间内变化过大或水质不稳定，饲料中钙磷含量不足或不平衡。

【防治方法】

(1) 选用营养丰富全面的饲料，科学投喂，可拌料加喂一些营养强化剂，如多种维生素、益生菌和加酶益生素等，每天2次，连用5～7天。

(2) 保持良好水质，避免池水盐度在短时间内变化过大，防止虾池受农药和化学污染。

(3) 发病初期可泼洒含钙物质，如熟石灰，按1米水深计算，每公顷池塘使用120～225千克。

6. 浮头和泛头

【病因及症状】这是一种经常发生而比较容易处理的病害。主要原因是由于对虾养殖密度过大，或浮游动物或底栖动物过多，或水体和底泥有机物（包括残余饲料、虾的排泄物、动植物尸体、有机肥料）过多，加上闷热无风，或连续阴天或下雨或多雾，容易在天亮以前缺氧。对虾耐受的最低溶解氧是2.5毫克/升，当池塘中溶解氧低于对虾耐受底限时，浮头或泛池就发生了。

对虾浮头和泛头的主要症状是，对虾浮在水面上或在四周游动，人为干扰应激强烈；虾只死亡以后沉于池底。当发现很多对虾在池塘四周游动时，应捞起观察，并测量水体各项理化指标，特别是池塘底部和中央底部的溶解氧，若没有其他病症，溶解氧又偏低，即可确诊。

【防控措施】

(1) 放养前应彻底清淤，最好是清淤后再加翻耕曝晒，促进有机物的分解。

(2) 放养密度勿过大。

（3）投喂饲料要适宜，尽量避免过多的残饵沉积池底。

（4）使用有益菌，促进有机物的降解，保持优良水色，适量换水。

（5）每天傍晚测量水体中溶解氧，注意保持溶解氧在 3 毫克/升以上，增加增氧设施。

（6）养殖后期黎明前后保持每天巡池，发现浮头现象立即进行处理。

（7）发生缺氧浮头时，要加开增氧机，添加新鲜水，使用增氧剂，增加水体溶解氧。

第三节 应激反应及其应对措施

一、气候变化引起的应激及应对措施

1. 持续降雨

【病因】每年的 4～5 月及夏季台风过后，是容易出现持续降雨的时间段，也是南美白对虾发病的高峰期。持续降雨导致高发病率的主要原因有以下几个方面：

（1）使高盐度的养殖水体盐度下降，如果短时间内盐度下降幅度过大，即造成对虾严重的应激。

（2）雨天光照弱，藻类因光照强度不够而出现大量死亡，进而造成水体溶解氧含量降低，水体营养物质累积，水质恶化。

（3）雨水的酸性和藻类大量死亡，都导致水体的 pH 降低。

（4）持续降雨会使雨水聚于池水表面，雨后表层水温较低，而底层水温较高，造成了水体表层和底层的分层，底部有机物进行厌氧分解，产生有毒物质。为了降低降雨对对虾造成的不利影响，需因地制宜地采取应对措施。

【防控措施】

（1）预防措施 在得知降雨到来之前要注意及时预防，做好以下措施：

①施用易吸收的藻类营养素，适当提高养殖水体藻类密度，维持一定的肥度，这样可缓冲因长期降雨引起的池塘水质剧变。

②泼洒芽孢杆菌制剂，增加水体有益菌的浓度，以此抑制池塘环境在降雨过程中有害菌的繁殖，并且高效分解水体中的大分子有机物。

③在饲料中拌维生素 C、免疫多糖或微生物制剂等免疫增强剂，以增强对虾体质。

④保持一定的水位，池中水量越小，雨水对池水的影响越大。

⑤尽量减少雨水与池水的交换，雨前将池塘排水闸上层闸板提起，使闸板顶部与池水水面持平，让雨水及时排出，并及时疏通排洪沟，以防池外雨水入池。

（2）应对措施　在降雨的过程及时采取以下应对措施：

①有条件的要全天候开动增氧机增氧，同时还能搅动水体，消除水体分层的作用。

②控制饲料的投喂量，以避免污染和浪费，并饲料中拌维生素 C、免疫多糖或微生物制剂等免疫增强剂，增强对虾体质，提高对虾抗应激和疾病能力。

③施用光合细菌制剂，吸收水体中富余的小分子营养物，净化水质。

④若池水 pH 太低，可少量多次泼洒石灰水或腐殖酸钠，起到稳定养殖水体的 pH，减弱环境因子突变引起对虾应激反应的作用。

⑤每 2~3 天向池中干撒粒粒氧，增加水体的溶氧量。

当天气转晴时，要妥善处理，避免对虾发病，做好以下措施：

①加勤巡塘与观察，对水质的变化、对虾的健康状况等都要认真观察，及时掌握池水中氨氮、亚硝酸盐、pH、藻相变化以

及对虾病害情况，及时发现问题，便于及早采取措施。

②如果水体出现"倒藻"时，先施用沸石粉和增氧剂或增氧型底质改良剂改底，然后使用芽孢杆菌复合制剂和无机营养素或氨基酸营养素进行肥水。

③如果水体藻类尚未出现大量死亡时，应协调使用芽孢杆菌复合制剂和光合细菌制剂，预防藻类繁殖过度，pH 持续升高。

④当对虾出现须、尾发红的症状时，在饲料中搅拌氟苯尼考和中草药制剂。

2. 低压天气　台风、闷热等低压天气，会导致水体及池塘底部溶解氧的含量减少，同时低压也会使池塘底部温度升高。因此这种天气情况下，池底的弧菌含量大量增加，有机物在无氧状态下分解产生硫化氢、氨氮和亚硝酸盐并形成积累，从而对虾产生严重危害。为使养殖生产的顺利开展，应做好以下几方面工作：

（1）加强增氧　加大开启增氧机的力度，并在水体中施用表面活性剂类养殖投入品，增加氧气水体及池塘底部溶解氧含量，也可同时通过使用增氧剂来提高水体溶氧。

（2）灵活投饵　停止投喂饲料或减少饲料的投喂量，减少残饵及对虾排泄物对氧气的消耗。

（3）改良底质　使用具有增氧功能或氧化功能的底质改良剂，给对虾营造好的底部环境。

（4）改良水质　使用微生物制剂改良水体环境，抑制有害菌繁殖，特别要注意的是避免使用好氧型的微生物制剂（如枯草芽孢杆菌制剂）。

3. 持续高温

（1）南美白对虾养殖高温期的特点

①池内对虾生理机能旺盛，对虾处于生长的高峰期。

②饲料投喂量大，池内残饵和排泄物不断增多，池底发黑，有害微生物的数量及种类增加，水质污染加重，水色透明度降

低，混浊度增大。

③藻类、细菌等生物繁殖旺盛，生物量大，水体容易出现温跃层、氧跃层等分层，易使池塘水体产生氧债而导致缺氧等问题。

④残饵、排泄物、死亡藻类和池底有机物的氧化分解等诸多因素的共同影响，尤其在台风、暴雨时候，对虾养殖池塘常会出现水质恶化，并伴随着泛塘，引起养殖对虾大批死亡。

（2）南美白对虾养殖高温期的管理要点

①注意水质变化，及时增氧换水：高温天气，对虾摄食量大，排泄物多，底质容易恶化，造成缺氧。因此，每天应适当延长增氧机开启时间，遇到雷雨闷热天气应全天开机增氧。如果增氧效果不好，池内还应增加增氧设备及泼洒增氧剂和表面活性剂，以保证池内有足够的溶氧量。同时，如果水源条件好的池塘可适当添换新水，换水量视水源水量充足程度、水质恶化程度及对虾是否容易产生应激而定。

②适当降低水温：高温天气，池塘表层水温高达 33℃以上，影响对虾的正常生长。此时应加深池塘水位至 1.8～2.0 米。如果有条件的地方，可在池水中注入地下深井水，能起到一定的降温效果。

③采取化学和生物技术，改善水质和底质：每隔 7～10 天协同使用芽孢杆菌和光合细菌制剂，分解、转化和吸收水体营养物，降低水体的化学耗氧量；根据底质情况，使用具增氧或氧化功能的底质改良剂，改良池塘底部环境。

④加强管理：坚持每天早、中、晚巡塘，主要观察虾的摄食情况、活动状况及水色变化，发现问题及时处理。如发现虾缺氧浮头，应及时抛洒增氧剂，打开增氧机，并加注新水。还要注重氨氮、亚硝酸盐等水质指标的检测，发现某一指标超标，及时采取水质调控措施。

⑤分批捕捞，保持池内适当的养虾密度：高温季节，南美白

对虾生长快，耗氧量大，容易泛塘。要及时采取轮捕疏养、捕大留小的技术措施，将达到商品规格的虾捕捞上市，以保持合理的养殖密度，促进对虾健康生长。捕获方法建议采用笼捕，尽量少用拉网起捕，以免对虾受伤和池底污物泛起而导致水质恶化。

4. 寒潮袭击　寒潮袭击时，气温大幅下降，藻类易出现大量死亡，对虾摄食的速度降低。通常情况下，水温持续低于12℃时，南美白对虾基本不摄食。降温时间过长，会直接冻死养殖对虾，而在水温回升时，各种病菌、病毒将被大量激活，给对虾造成更大危害。因此，在降温期间和冷空气过后，养殖户要采取以下应对措施，减少对虾在降温期间出现应激反应或死亡。

（1）气温骤降时，应抓紧时间提高水位，一般可以把水加深至2～2.2米。有中底层增氧的，可以加深至3米。

（2）温棚育苗的养殖场，要将大棚薄膜封盖严密，以延缓水温下降；无温棚的养殖场，可在北风方向搭简易的防风棚。

（3）减少投料，在投料时适当拌入维生素C、葡萄糖以及免疫多糖等抗应激的药物，减少对虾出现不适或死亡情况。

（4）温度持续下降时需采取其他加温方法，如在越冬棚内用电热棒加热池塘水，或用热水器加热自来水喷洒水面等，尽量少开水车式增氧机，减少水体与空气的交流。如有底部增氧的应多使用底管进行增氧，否则宜使用增氧剂来增加水体溶氧。育苗单位应该加强亲体及幼苗的管理工作，及时把外塘的亲体移至室内，加大燃烧锅炉，提高水温，并且增加开增氧机时间，保证室内水体的溶氧量。

（5）由于水温骤降，对虾会出现大量蜕壳。低温条件下，对虾基本不摄食，造成机体营养补充不足，从而引起大量软壳虾。如果是低盐度的，首先应该加高盐度，以保证对虾快速硬壳。可以同时使用离子钙制剂全塘泼洒，提高水体可吸收钙质的含量；也可以使用泼洒型维生素C、葡萄糖提高对虾活力，增加对虾体能。

（6）调浓水色，使水体透明度维持在 20 厘米左右。可以使用吸收率高的氨基酸及无机营养素，尽量少使用有机肥，以避免在池塘底部沉积污染底质。

（7）低温期间不能收虾，待气温回升后再收虾，尽量避免对虾出现机械损伤而感染病菌。

（8）冷空气过后要揭开大棚塑料薄膜，保持棚内外空气流通，让有害气体排出。

（9）在低温条件下，由于光照强度不大，水体藻类繁殖受影响，塘底容易累积各种有害有毒物质，一旦水温突然升高，会造成大量有毒物从塘底翻起来，从而造成对虾出现病症。因此冷空气过后温度上升时，养殖水体要使用温和的消毒剂及时消毒，然后使用微生物制剂改良水质。

（10）天气回暖后虾恢复吃料时，用氟苯尼考加维生素 C 拌料投喂，连用 3 天，以增强对虾抵抗力。

（11）如果冷空气过后出现对虾死亡现象，应及时处理善后工作。该排塘处理的虾塘要果断排塘，以便更好安排下阶段的养殖工作。

二、环境因子引起的应激及应对措施

1. 养殖水体 pH 偏高

（1）水色偏浓而 pH 升高　这是由于浮游微藻繁殖过盛，导致 pH 偏高。此时可更换部分水体（引自蓄水池或地下水源的更佳），再施放无机载体的芽孢杆菌和光合细菌，以抑制浮游微藻的过度繁殖，调节 pH。

（2）水色正常但 pH 偏高　这种情况多数发生在养殖前期，主要原因是池塘老化、塘底含氮有机质偏多或者使用石灰过多，而且水体缓冲力低。可先泼洒乳酸杆菌和葡萄糖中和碱性物质，再使用腐殖酸提高水体缓冲力。

（3）水色呈蓝色或酱油色而 pH 变化较大 这是由于有害藻类（蓝藻或甲藻）过度繁殖所引起。水源条件好的可以更换部分水体，避免蓝藻或甲藻分解的毒素影响对虾的生长，换水后，使用光合细菌和腐殖酸，以抑制有害藻类的繁殖。如果出现蓝藻集中到池塘下风处的情况，可使用杀藻剂局部泼洒，然后使用活性钙或粒状增氧剂改善底层溶解氧状况，再同时使用芽孢杆菌和光合细菌或乳酸菌调节。

2. 养殖水体 pH 偏低 土池养殖水体 pH 偏低，一般是由于酸性土质引起，也有由于长期下雨造成；高密度养殖后期水体 pH 也多数偏低，是由于养殖代谢产物积累造成。可用农用石灰化水全池泼洒提高养殖水体 pH，注意一次用量不宜过大，以免引起养殖动物应激，一般以 75～150 千克/公顷为宜，可视需要可反复多次调节。在养殖过程使用有益菌及时降解代谢产物，控制浮游微藻的平稳生长，适当控制养殖密度，可保持养殖水体 pH 的平稳。

3. 养殖水体氨氮过高

（1）水源氨氮过高 如果采用地下水作为养殖水源，由于地质原因，部分地下水氨氮含量偏高，抽出来的地下水必须充分曝气，让水中的氨氮挥发和氧化，然后施放芽孢杆菌和浮游微藻营养素培养有益菌相和优良浮游微藻，吸收氨氮。也可以使用具有硝化反硝化作用的有益菌和光合细菌，降解转化氨氮、亚硝酸氮等有毒有害物质。

（2）养殖中、后期或者拉网捕虾等操作引起氨氮升高 先使用沸石粉和粒状增氧剂或活性钙等改良底质，同时施放光合细菌吸收氨氮，再使用芽孢杆菌降解转化有害物质，可有效降低水体氨氮的含量。

4. 养殖水体亚硝酸盐过高 养殖水体亚硝酸盐过高是由于池底有机物较多，在溶解氧不足的情况下产生的。预防亚硝酸盐过高必须从养殖初期开始：

（1）从放苗前"养水"开始至养殖全程定期施用芽孢杆菌，

养殖前期以使用有机载体的芽孢杆菌为佳，养殖中、后期以使用无机载体的芽孢杆菌为佳。

（2）水质色偏浓或阴雨天气施用光合细菌和乳酸菌，保障养殖代谢产物及时降解转化，优化养殖环境。

（3）定期施用具有硝化反硝化功能的有益菌，并保障水体溶解氧含量，保持硝化过程的正常进行。

（4）发现亚硝酸盐过高，可先用活性钙或增氧剂，同时加强开动增氧机，增加池塘底部和水体溶解氧含量，然后加大用量施用乳酸菌等具硝化反硝化功能的有益菌。

5. 养殖过程发生"倒藻"而水色突变　由于天气异常（降温、长时间降雨、风向转变）或水体营养缺乏出现浮游微藻大规模死亡的现象，俗称"倒藻"，如不及时处理，会引起对虾摄食减退、游池，严重时导致对虾发病。调节措施如下：

（1）注意提前预防　在天气转变之前施用光合细菌或乳酸菌，有助维持浮游微藻的正常生长。

（2）出现"倒藻"应及时处理　首先要控制饲料投喂量，避免未吃完的饲料污染水质；其次，加大开动增氧机，并施放沸石粉和底部增氧剂改良底质，第二天添加部分新鲜水，使用芽孢杆菌降解藻类尸体，再适量适当施放微藻营养素营造水色。

6. 池水变清或变混浊　养殖过程中，有时候池水会变为清澈或混浊，原因和调节方法如下：

（1）养殖池塘水体的浮游微藻有一定生长期、高峰期和衰败期，用肉眼观察水色有一个变化过程，俗称"转水、倒水"。放苗前施放微藻营养素后，正常情况下在3～5天内能培养起良好的水色；7～10天后应该追施微藻营养素，一般反复2～3次，可使水色保持稳定。

（2）养殖池塘的浮游动物繁殖过度，大量摄食浮游微藻而使池水变清。出现这种情况，首先要多开增氧机，停止投喂饲料，使对虾摄食浮游动物。待浮游动物数量减少，再添加适量带有优良浮游微藻的新鲜水，施用微藻营养素和芽孢杆菌，重新培养浮游微藻，营造水色。

第四节　池塘养殖病害综合防控基本理念

随着对虾养殖业的蓬勃发展，虾病防控成为广大养殖户、科技工作者和政府都日益关注的课题。虾病发生后，从小的方面讲，治疗的及时与否、方法和药物应用的正确与否，关系到一池虾的生死，一个人的盈亏；从大的方面讲，虾病病源的控制与否、病源的扩散传播与否，关系到大规模病害的发生，影响到一片虾塘，一方群众；从质量安全的层面来讲，选择使用的治疗药物的合规与否，关系到对虾的品质，影响到对虾的价格（主要是出口销售问题）、广大养殖户的利益和消费者的健康；从长远方面讲，养殖毒源水排放的控制与否，关系到海区环境、海区相关生物，影响到对虾养殖业的持续健康发展。因此，应逐渐树立科学的、健康的、持续发展的病防理念。

一、树立科学的病防理念

一是要认识到病害的发生往往是有条件性的。疾病的垂直传播、水平传播，天气的突然变化、养殖时间延伸富营养物质的积累引发池塘水环境的突变，养殖容量增加导致耗氧剧增引起缺氧现象，养殖操作的不慎等，都可能成为南美白对虾疾病发生的诱因；二是要有"以防为主、防治结合"的病防意识。将病防工作贯穿养殖全过程，选择健康优质虾苗，清除塘底淤泥、杂质等富营养物质，对池塘干法或带水消毒，日常水体消毒、投放有益菌、消除致病水质因子以调理水质，营造良好池塘微生态系统、喂养药物饵料等措施，都是预防病害发生的手段；三是要不断学习病防知识，"辨症施治，对症下药"。

二、树立健康的病防理念

这是生产质量安全对虾产品的必要条件。随着人们生活水平的日益提高及与国际接轨的日益深入，"食品健康"的理念深入人心。就对虾而言，没有药残是其质量安全的标志之一。树立健康的病防理念，一是要认真学习、探讨和应用健康养殖模式，养殖中保持平稳的池塘生态系，使对虾不生病，不需用药，生产真正的无公害对虾产品；二是要认真学习有关文件规定，不使用国家明文规定的禁用药物（如氯霉素、孔雀石绿和呋喃类药物等）；使用规定范围内的药物治疗虾病，要按照说明严格遵守"休药期"规定；三是要逐渐形成在专业人员指导下进行用药的习惯，在治疗虾病时不盲目，让过去那种"钱花了、药用了、虾没了、损失大了"的现象一去不复返。

三、树立持续发展的病防理念

今日养殖的海区，明日可养否？今日健康的海区生物，明日安好？现在，广大养殖者、科技工作者和政府已逐渐认识到病死虾、排塘水对周边养殖生产的影响、对海区的污染和对海区生物的破坏，倡导养殖场处理养殖废水、循环利用，倡议无害化处理病死虾、排塘水，即是要求广大养殖生产者树立持续发展的病防理念。举个例子，对虾病害，尤其是病毒，基本可感染海区所有甲壳类动物，而在海区若病毒因排塘扩散，有多少虾、蟹类可能感染？影响是可怕的。因此要树立持续发展的病防理念，一是病虾塘水要经处理后排放；二是放弃养殖准备排塘的病虾塘应做无害化处理；三是要逐渐形成循环使用经过沉淀净化处理的养殖用水的观念，以充分利用资源，使海区得以休养生息。

第九章
养殖安全生产技术

第一节　养殖安全生产基本思路

实行封闭与半封闭控水，避免外源污染；及时降解转化养殖

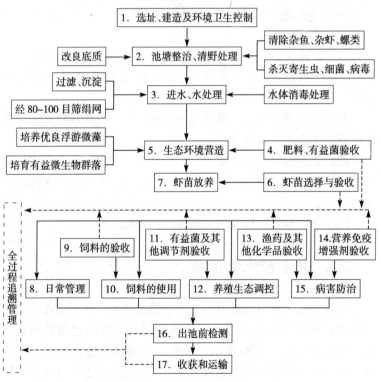

图 9-1　对虾养殖安全生产流程图

代谢产物，促进良性循环，少用药，控制内源污染；营造良好生态环境，保持稳定，减少胁迫因子，生态防治病害；科学投喂营养合理的饲料，加强免疫，提高非特异性免疫功能，增强对虾体质；按照相关标准及规定，对虾苗和投入品（饲料、环境调控剂、渔药及其他化学药品）进行验收，保障养殖对虾食用安全；同时对养殖全过程进行跟踪记录，利于追溯管理。安全生产流程如图 9-1 所示。

第二节　养殖安全生产基本流程

一、整池、晒池、清野消毒

池子要求平整，不泄漏，大小适中，水深合适（土池 1.8～2.0 米、高位池 2.0～2.3 米），清洗相关设施设备，装配增氧机。

上一茬养殖收成后，铺膜池应洗池，土池或沙池应晒池，老化池塘撒上生石灰再曝晒。

清野消毒的过程是清除杂鱼、杂虾、寄生虫、细菌和病毒等病原。根据需要选择对杂鱼、杂虾敏感的药物，注意用药的安全性。

应注意防漏、防塌及电力设备是否到位。

二、进水和水体消毒

若进水系统是过滤沙井的，可直接进水至虾池；若不是过滤沙井的，则可利用 80～100 目的筛绢网或过滤池过滤后再进虾池，以减少杂鱼、杂虾及其卵子进入养殖池。进水不方便的池塘，可一次性进够；如果进水方便的，一次进水至水深 1 米，可使养殖前期不用添水，减少与水源的交流，规避风险。

选择低毒高效的水体消毒剂，合理进行水体消毒，以既能有效消毒灭菌，又对浮游单细胞藻类影响不大为目的。

三、放苗前"做水"，营造良好生态

水体消毒后 2～3 天，施用浮游微藻营养素和有益菌培育良好的养殖生态环境，进行"做水"，使水色呈浅褐色或绿色，藻—菌平衡，同时给虾苗—幼虾提供优良活饵料，促进虾苗的健康生长，提高成活率和生长速度。

"做水"的关键体现在培养和维持稳定的、优良的浮游单细胞藻类种群和培育有益的微生物种群，并使其优势菌群两方面，虾池养殖生态环境的优劣，通过浮游藻相—菌相演变生成（图9-2）。

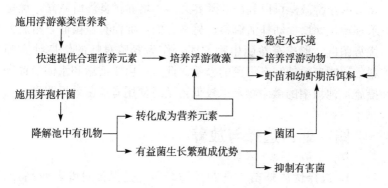

图 9-2　放养虾苗前的做水流程

1. 施用浮游微藻营养素　浮游微藻是一类微型植物，生长繁殖需要肥料。但是浮游微藻生活于水中，所需营养元素必须溶解于水中才能被利用，而且不同的微藻有不同的营养需求，如果直接使用种植业肥料，营养元素容易被池底淤泥吸附，浪费肥源并污染池底，而且造成水体中营养元素配比不平衡，不符合优良浮游微藻的需求。所以，提倡使用经过科学配制的浮游微藻营养素。也可自己进行科学配比施肥，掌握原则是：营养元素为溶解态，N：P比大于10：1，其他元素适量。

沉积环境中有机质丰富的池塘，如已实施养殖多年而没有清淤的池塘，宜施用无机复配营养素；池底清洁的池塘，如新开发的池塘、铺土工膜的池塘、沙质底的池塘和清淤彻底的池塘等，宜施用有机无机复配营养素。

施用量依养殖池塘的本底状况而不同，掌握营养丰富的池塘少施、营养缺乏的池塘多施的原则，不宜过度，否则将会导致养殖池塘的富营养化，增加养殖环境负荷。一般来说，放养虾苗之前5~7天施肥，放苗后7天左右追施2~3次即可，以后应发挥有益微生物的"化废为宝"作用，来增加养殖水体的肥度。

2. 施用芽孢杆菌 在施用浮游微藻营养素的同时，施用芽孢杆菌。通过芽孢杆菌等有益菌的降解作用，一方面将有机物转化成为浮游微藻可以利用的营养元素，培养优良浮游微藻，优化水环境，并增加幼虾活饵料；另一方面，促使有益菌群繁殖成为优势菌群，形成有益菌生物絮团，作为养殖对虾的优良补充饲料，同时有效抑制有害菌的繁殖。此时，由于清塘和水体消毒等措施，池塘中的微生物水平较低，及时使用有益菌效果明显。

四、虾苗选择与放养

1. 选择优质虾苗 选购优质虾苗，是保证对虾养殖高产、高效的一个重要前提。南美白对虾虾苗选择要点有：①跟踪亲本来源，选择优质亲本来源种苗，繁育种苗的亲虾要大且健康，最好是进口亲虾；②选择规模较大、技术力量强的种苗场，育苗成活率高的育苗池虾苗；③虾苗活力强，反应灵敏，大小均匀，全长大于0.8厘米，附壁逆水游动能力强；④胃肠饱满，不要购买空肠苗；⑤虾苗抗淡能力强或离水后存活时间长；⑥无携带特定病毒。

2. 虾苗放养　放苗水温应平均达到 20℃以上。在我国东南沿海地区没有搭建暖棚的池塘，第一造最好在"谷雨"节气后放养，千万不要过早。虾苗放养有直接放养和中间培育两种模式：

（1）直接放养　将虾苗直接放至池塘中一直养至收获，中间不过塘分养。

①放苗密度：一般为 60 万～225 万尾/公顷，若定向生产小规格商品虾还可适当提高，但不得超过 450 万尾/公顷。依据池塘条件、养殖时间控制合理的放苗密度，以比较效益较高为准。放苗密度过低，产量过低，经济效益差；放苗密度过大，易造成水质不稳定、胁迫因子多、尤其是溶解氧不足、亚硝酸盐增高，从而引起对虾的成活率低、对虾的病害多，而且对虾生长速度慢，养殖周期长，饲料系数高，风险也大。技术措施和管理措施妥当，高位池放苗密度为 120 万～180 万尾/公顷，经 120～130 天养殖，规格可以达到 50 尾/千克，以成活率 70% 计，可以获得 16 800～25 200 千克/公顷的单产；低位池放苗密度为 75 万尾/公顷，经 120～130 天养殖，规格可以达到 50 尾/千克，以成活率 70% 计，可以获得 10 500 千克/公顷的单产。

②放苗时的注意事项：避免在迎风处、浅水处放苗，而应选择避风处放苗；放苗时间应选择在天气晴好的清早或傍晚，避免在气温高、太阳直晒和暴雨时放苗；放苗前要做好计划，放苗时准确计数，做到一次放足，以免后期补苗；各池均可设置一个虾苗网，放苗时取少量虾苗置于其中，以便观察虾苗的成活率和健康状况。

（2）中间培育　先把虾苗放养于一个较小的养殖水体内饲养 20～30 天，待其生长至体长约 3～5 厘米，再移至养成池中进行养殖。中间培育的虾苗放养量为 1 800 万～2 400 万尾/公顷。中间培育过程中投喂营养较高的饲料，前期可加喂虾片和丰年虫，通过提高虾苗的营养供给，以增强其体质，提高其抗病能力。

①中间培育的优点：

a. 中间培育池面积较小，便于养殖管理。一方面可提高饵料的利用率，做到合理投饵，降低生产成本；另一方面可提高虾苗的环境适应能力，综合提高对虾养殖的成活率。

b. 在养殖过程中合理安排好虾苗培育时间与养成时间的衔接，可大大缩短整个养殖周期的耗时，实现多茬养殖。

②中间培育的缺点：

a. 培育时密度过大，生长速度慢，也较容易发病。

b. 移苗分养时对虾必须重新适应新环境，有时处理不当容易应激诱发虾病，或生长速度减慢。

③移苗分养时的注意事项：

a. 中间培育一般 20～30 天，体长 3～5 厘米即要分养，切莫中间培育时间太长，时间越长，虾苗越大，应激反应也就越明显。

b. 南美白对虾高温容易应激抽筋，移苗过池应选择在清晨或傍晚，避免太阳直射。

c. 移苗过池应注意保持培育池与放养池水环境的稳定，以免虾苗、幼虾产生应激反应，影响对虾的健康水平，从而造成损失，必要时可抽取培育池水至放养池接种培藻。

d. 培育池与放养池距离越近越好，避免虾苗长时间离水。

五、科学投喂饲料

1. 饲料的选择　对虾养殖营养来源全靠配合饲料，因此饲料的质量至关重要。饲料的选择应具有以下特点：

（1）饲料性价比好，营养配方全面、合理，能有效满足对虾健康生长的营养需要。

（2）水中的稳定性好，颗粒紧密，光洁度高，粒径均一，粉末少。

（3）原料优质，饲料系数低，诱食性好。

（4）加工工艺规范，符合国家相关质量、安全和卫生标准。

2. 科学投喂饲料

（1）开始投喂时间　人工养殖，相对天然饵料少，放苗后第二天即可投料。若基础饵料生物培育得好，可以放苗后 3～4 天再开始投，但一般不应超过 1 周；且前期应投营养相对丰富的 0 号料或虾片、丰年虫。

（2）投喂方法　饲料应全池均匀投喂，每天投料 3～4 次，投喂时间一般选择在 6：30、11：00、18：00、22：00。投料量要根据对虾摄食习惯、天气来确定，一般早上、傍晚投喂量较多，中午、夜晚投喂量较少。可参考饲料观察网的剩料和虾的胃肠饱满度，来适当调节投喂量，以投喂后 1 小时吃完为度。

（3）饲料观察台　每 0.1 公顷设置一个饲料台，但一口池最少应设置 2 个，观测对虾摄食情况。饲料台一般设置在离池塘边 3～5 米地方，同时离增氧机也需要有一定的距离，以免水流影响对虾的摄食，从而造成对全池对虾摄食情况的误判。

每次投喂饲料时，在饲料台放置该次投料总量的 1%～2%。投喂以后按照养殖前期（30 天以内）2 小时、养殖前、中期（30～50 天）1.5 小时、养殖中、后期（50 天至收获）1.0 小时的时间检查饲料台，饲料台上的饲料略有剩余下一餐维持原量，被全部吃完下一餐需要加料，剩余饲料多下一餐则减料。

具有中央排污的池塘还应在中央设置一料台，主要观察残饵、病死虾及中央底质的污染情况。

（4）投喂饲料的注意事项

①大风暴雨、虾活动不正常时少投或不投，天气晴好时酌量多投。

②水体环境恶化时不投，水质清爽时酌量多投。

③蜕壳时不投，蜕壳后酌量多投。

（5）加强免疫调控　在饲料中添加益生菌和中草药等免疫增强剂，有助于提高饲料转化率，增强养殖对虾的抗病力和抗应激能力，促进健康生长。芽孢杆菌可直接加入饲料中制粒全程饲喂，中草药可直接加入饲料中制粒全程饲喂，也可作为功能饲料在预防病害或者病害初发时饲喂。

六、养殖过程水环境的调控

1. 封闭与半封闭控水 养殖前期全封闭，放苗前进水1米深，放苗后30天内不换水、不添水；养殖中、后期半封闭，中期逐渐加水至满水位，后期视水质变化和水源质量适当换水。实行有限量水交换原则，一次添（换）水量约为养殖池塘总水量的5%～10%，保持养殖水环境的稳定。提倡水源经过沉淀或过滤、消毒以后，再进入养虾池塘，避免水源带来污染和病原，有条件的养殖场应设置蓄水池。

2. 养殖过程定期施放芽孢杆菌 有益芽孢杆菌能够分泌丰富的胞外酶系，降解淀粉、葡萄糖、脂肪、蛋白质、纤维素、核酸、磷脂等大分子有机物，性状稳定，不易变异，对环境适应性强，在咸淡水环境、pH3～10、水温5～45℃内均能繁殖，兼有好气和厌气双重代谢机制，产物无毒无害。在养殖池塘中施放芽孢杆菌，能够快速降解养殖代谢产物，促进优良浮游微藻繁殖，抑制有害菌繁殖，促进有益菌形成优势，改善水体质量（图9-3）。但是，在自然界的竞争中，要保持有益菌的优势地位，需要定期外加芽孢杆菌。所以，放苗前施放芽孢杆菌制剂以后，以后每隔7～10天需追施1次，直到收获，用量可为首次用量的50%。

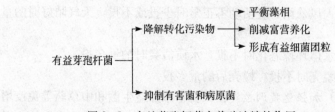

图9-3 有益芽孢杆菌在养殖池塘的作用

3. 养殖过程不定期施放光合细菌或乳酸菌　光合细菌是一类有光合色素，能进行光合作用但不放氧的原核生物，能利用硫化氢、有机酸做受氢体和碳源，利用铵盐、氨基酸、氮气、硝酸盐和尿素做氮源，但不能利用淀粉、葡萄糖、脂肪和蛋白质等大分子有机物。在养殖池塘中施加光合细菌，能够吸收养殖水体中的氨氮、亚硝酸盐、硫化氢等有害因子；减缓养殖水体富营养化程度，平衡浮游单细胞藻类藻相，调节酸碱度（pH）。

EM复合菌剂由乳酸菌、酵母菌、放线菌、丝状菌等几十种微生物共培共生而成，其结构复杂，性能稳定，可以降解、转化大分子有机物，也可以吸收利用小分子有机物和无机物。在养殖池塘中施加EM复合菌剂，分解有机物，平衡浮游微藻类的繁殖，吸收养殖水体中的氨氮、亚硝酸盐和硫化氢等有害因子，净化水质的作用。使用时根据养殖池塘环境质量状况，可以单独或配伍使用（图9-4～图9-6）。

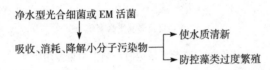

图9-4　藻色过浓时，施用净水型光合细菌或EM复合菌

净水型光合细菌或EM活菌

吸收、消耗、降解小分子污染物——→使水质清新

图9-5　阴天或水体老化时，施用净水型光合细菌或EM复合菌

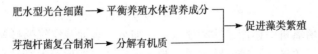

图9-6　藻色过清时，施肥水型光合细菌＋芽孢杆菌制剂

4. 不定期施放中、微量元素和腐殖酸专用肥　随着养殖代

谢产物的增多，养殖池塘的肥力大幅度增高，但是，有时候会出现浮游微藻繁殖不好或者突然死亡的现象，除了气候突变或者缺乏二氧化碳之外，很多时候是因为缺乏微量元素的缘故。所以，可以视养殖池塘生态变化状况，施加中、微量专用肥或腐殖酸肥料（图9-7、图9-8）。

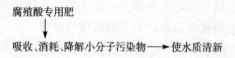

图9-7　水体老化或混浊时，施腐殖酸专用肥

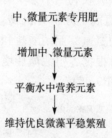

图9-8　藻色不稳定时，施中微量专用肥

5. 养殖过程应适时使用水质、底质改良剂　养殖中期以后，每隔7～10天施用养殖环境调节剂、沸石粉等，吸附、分解水中有毒有害物质，改善养殖生态环境。天气变化时，施用养殖环境调节剂、有益菌。pH偏高或pH偏低时，使用腐殖酸类制剂调节。下大雨、pH太低时，也可以用石灰水泼洒，但用量不宜太大。

七、合理使用增氧机

增氧机的作用是搅动池水，增加水体表面和空气的接触，增加氧气的溶入；带动浮游单细胞藻类转动，增加藻类进行光合作用的表面积，从而增加光合作用速率，增加氧气的生成。

1. 增氧设施的选择与配置　增氧设施是对虾养殖必不可少的

设备。开动增氧设施，不但可提供对虾所需要的氧气，更重要的是促进池内有机物的氧化分解，使池水的水平流动及上下对流，增加底层溶解氧，减少底层硫化氢、氨氮等有害物质的积累，改善对虾栖息生态条件，增加对虾体质促进生长，提高产量。

在对虾养殖最为实用的是四叶轮水车式增氧机，它以搅动表层水产生水流，溅起浪花，增加水与空气的接触面积达到增氧目的；而且使池水朝一定方向流动，形成环流，将污物、病死虾等集中于虾池中央以利排污，不会搅起池底的污物；并可通过中央的病、死虾情况判断对虾健康状况。一般要求每亩虾池装设 1 台 0.75～1.5 千瓦/台的水车式增氧机。有条件的，同时配合使用射流式增氧机和底部充气增氧管道效果更好。

2. 有效开动增氧设施　养殖期间必须结合当时的具体情况，合理使用增氧机。它同密度、气候、水温、池塘条件、投饵施肥量和增氧机的功率等有关，当高温闷热、暴雨以及下半夜等应多开，为避免影响对虾摄食，投料时一般停止开动增氧机。

养殖前期（30 天以内）池塘负荷低，基本不缺氧，中午阳光较强，为防止池水分层应多开增氧机，其他时间让水流动，保证水活则可；养殖中期（30～50 天）池塘负荷增加应加开增氧机，下午浮游微藻光合作用强，池水溶氧高可少开；养殖中、后期（50～70 天）池塘负荷再度增加，则要注意下半夜缺氧，投料时或投料后也必须保留 1 台开启；养殖后期（70 天至收获）池塘负荷高、水质差，增氧机基本全部开启，但在中午和下午浮游微藻光合作用强烈时，可适当少开 1 台增氧机以节约能源。

八、日常管理

1. 巡塘观察

（1）在每天的清晨、傍晚、夜间及降雨前后，观察对虾的活动分布和水色变化情况。在正常情况下，虾池的虾多伏在池底或池边浅水处，近底游动觅食，健康的虾游动灵活，受惊后借腹部的伸屈迅速跳离或跳出水面，动作有力。如果发现虾分散浮于水面，游动迟缓而无力，受惊扰时反应迟钝，甚至将头胸甲前端伸出水面呼吸，表明对虾处于异常状态，要及时进行诊断。

观察水质变化时应注意三个方面：一是水色的光泽度，即观察不同日期同一时刻的水色光泽度的变化，当天气正常时，光泽度变差，表明藻类出现繁殖异常；二是下风处污物的多少，通常下风处为死藻及其他有机污物聚集区，如果污物突然异常增加，反应水质已然出现恶化；三是水体的泡沫，水体的泡沫为溶解态的有机物，正常情况水体的泡沫随着养殖时间的增加而逐渐增加。

（2）检查增氧机、排水管道等硬件设备是否出现损坏，池塘是否出现漏水或坍塌的问题。尤其是高温季节的夜间，要特别留意增氧机的开启情况，避免因观察不及时而导致对虾缺氧情况的发生。

（3）检查闸门、闸网、堤网的安全，发现闸网、堤网破损时及时更换，如果闸门、闸网有附生藤壶等杂物，应及时进行清除。

（4）饲料投喂后规定摄食完的时间（如1.5小时）内，检查饲料台是否有未摄食完的饲料，以便于及时调整饲料投喂量。在观察饲料台中饲料的同时，观察料台中对虾情况、粪便形态，以大致判断对虾的健康状况。

2. 对虾监测　每10～15天测定对虾生长情况。每次测量随机取样不得少于50尾，逐尾测量，并称其重量。根据对虾的体长，确定投喂不同型号的对虾饲料。一般情况下，幼虾体长1.5～2.5厘米时，投喂0#饲料；对虾体长在2.5～4.5厘米时，投喂1#饲料；对虾体长在4.5～7.5厘米时，投喂2#饲料；对虾体长在7.5厘米以上，选用3#饲料。也可以按照饲料生产厂家的使用说明进行投喂。

将测定对虾的体长和体重，根据李卓佳等（2005）测定的南美白对虾体长与体重的关系（表9-1），判断对虾生长情况和肥满度，及时调整饲料，采取必要措施。

表9-1 南美白对虾体长与体重的关系

体长 （厘米）	体重（克）									
	0	0.1	0.2	0.3	0.4	0.5	0.6	0.7	0.8	0.9
0	0	—	—	—	—	—	0.003	0.005	0.008	0.011
1	0.015	0.02	0.026	0.032	0.04	0.049	0.06	0.071	0.084	0.099
2	0.115	0.133	0.152	0.173	0.196	0.221	0.248	0.278	0.309	0.342
3	0.378	0.417	0.457	0.501	0.546	0.595	0.646	0.701	0.758	0.818
4	0.881	0.947	1.017	1.089	1.165	1.245	1.328	1.415	1.505	1.599
5	1.697	1.798	1.904	2.013	2.127	2.245	2.367	2.493	2.624	2.759
6	2.899	3.043	3.192	3.346	3.504	3.667	3.836	4.009	4.187	4.371
7	4.559	4.753	4.953	5.158	5.368	5.584	5.805	6.033	6.266	6.505
8	6.75	7.001	7.257	7.521	7.79	8.065	8.347	8.636	8.931	9.232
9	9.54	9.855	10.177	10.505	10.84	11.183	11.532	11.889	12.252	12.623
10	13.001	13.387	13.78	14.181	14.589	15.005	15.429	15.861	16.3	16.747
11	17.203	17.666	18.138	18.618	19.106	19.603	20.108	20.621	21.143	21.674
12	22.214	22.762	23.319	23.885	24.46	25.044	25.637	26.24	26.851	27.472
13	28.103	28.742	29.392	30.051	30.719	31.398	32.086	32.784	33.492	34.21
14	34.938	35.676	36.425	37.184	37.953	38.732	39.522	40.323	41.134	41.956
15	42.789	43.632	44.487	45.352	46.228	47.116	48.014	48.924	49.845	50.778

同时，要对取样的对虾进行健康状况的检查，观察对虾体表、腹肢、鳃丝是否有附着物，判断肝脏是否正常，肠道是否饱满。健康的对虾应该活力强，色泽鲜艳，体表干净，肠胃充满食物，肝胰脏呈褐色，触须无变红或折断，尾扇及腹肢不发红。有条件的，可以使用快速测试试剂盒检测可能发病对虾携带特异性病原体，如弧菌、桃拉综合征（TSV）、白斑综合征（WSSV）、传染性皮下及造血组织坏死病（IHHNV）和对虾肝胰腺细小样病毒病（HPV）等。

3. 水质监测

（1）每天早、中、晚通过肉眼观察水色情况，粗略判断水质变化。

（2）每天早、晚测定气温、水温、酸碱度、水色和透明度；每周测定溶解氧、氨氮和亚硝酸盐；按实际需要测定硬度、盐度和总碱度。

（3）定期取样检测浮游生物的种类与数量，并采取有效措施稳定水体的有益藻相，防止有害浮游生物繁殖。

4. 养殖记录

对虾进入养殖生产过程的所有材料（虾苗、饲料、环境调控剂、渔药、其他化学药品），须按相关标准和规范的要求进行验收并登记在册，做到所有材料符合标准和规范并有据可查，利于保障质量安全，同时便于追溯。

养殖过程的有关内容进行记录，并整理成养殖日志（表 9-2），以便日后总结对虾养殖的经验、教训，实施"反馈式"管理，不断提高养殖技术水平。

表 9-2 养殖记录表

养殖品种：		面积：		水深：		放苗密度：		放苗量：			放苗时间：	
项目 日期	水质理化指标						日常指标				投入物	
	pH	透明度	溶氧	氨氮	亚硝酸盐	水色	盐度	天气	气温	水温	名称	数量

九、收获、运输和上市

从国际市场的需求来看，规格大的成品对虾售价和市场走势，优于规格小的成品对虾，要提高生产效益和稳定市场，必须提倡养成大规格成品对虾，规格达 50～60 尾/千克即可。

对虾养殖受气候、天气和市场因素影响明显，生产中要注意规避风险，抓住市场时机，适时收获，以获得理想的经济效益。在有条件的地方，可以采取分批收获，捕大留小，增加经济效益。

每一茬收完虾，必须对养殖池塘进行清淤、冲洗和晒池，特别是泥/沙底池塘，更应该充分曝晒，让池底的有机质氧化分解。

1. 捕捞类型　在对虾收捕过程中，由于不同的养殖模式或应对不同的市场需求，所采用的捕捞方式和方法也存在一定的差别。就捕捞方式而言，可分为一次性捕捞和捕大留小的多次捕捞；使用的收捕工具，可分为拉网捕捞、电网捕捞及网笼收捕等，但网笼收捕通常在虾蟹混养或采用捕大留小的收获方式有所用到，一般生产中较少采用。

（1）**一次性捕捞**　若同一养殖池中对虾规格较为齐整，收购商所需求对虾数量较大时，可采用一次性捕捞。它一般主要是通过大规模的放水收虾，利用拉网或电网的方法起捕养殖池中的所有成品对虾。其优点在于起捕较为便利，无须担心因收获时养殖池环境巨大变化而引起存池对虾应激或死亡，适宜为集约化对虾养殖企业所采用。

（2）**捕大留小式的多次捕捞**　当养殖池内对虾规格差异较大，而市场虾价又相对较高时，为保证对虾养殖的经济效益，可适时采用捕大留小的多次收获形式。一般所使用的方法有大网孔式拉网法和网笼收虾法，其主要目的均是通过控制捕获工具的孔径，使大规格的成品对虾得以留在网中，而个体较小的对虾则可顺利通过所设置的孔径，留存于养殖池内。至于网、笼的孔径大小，应视预计收获对虾的规格而定。

若采用捕大留小方式收获对虾，在收获后应该尤其注意避免因收获时养殖池中水质、底质环境剧烈变化引起的存池对虾应激或死亡。所以，一般在对虾起捕前需泼洒维生素 C、葡萄糖等抗应激物质和乳酸杆菌、光合细菌等有益菌，起捕后需对养殖水体或底质进行消毒，避免原来沉积于池底的有害物质重新进入养殖水体中危害存池对虾。也有的养殖户不进行消毒，在清早捕虾后立即停开增氧机 4～8 个小时，使水体中的颗粒物重新沉积于池底，待晚上再重新开启增氧机为水体增氧。

2. 捕捞方法　目前，所采用的捕捞方法主要有"拉网"和"电网"两种方法，而利用网笼收获对虾，通常在虾蟹混养或采用捕大留小的收获方式有所用到，但一般较为少用。

（1）拉网捕虾　对于池底平坦、无障碍物的中、小型养殖池，采用拉网形式收虾最为适宜，但应根据对虾数量和虾池结构特点，选择合适的地方进行放网和收网。一般每张网由 2 个人进行操作，每次拉网收虾应该控制在 200～400 千克，以免因对虾数量过多造成相互挤压，从而影响收获对虾的品质（图 9 - 9）。

（2）电网捕虾　电网捕虾是在拉网方式的基础上进行改进而成的。在普通拉网上安装脉冲电装置，利用脉冲电形成电场，当对虾受到电刺激后，其活动能力将暂时减弱，从而易于收捕。也有学者提出，电网收虾方式较为适宜运用于收捕具有潜伏特性的对虾，如日本对虾和刀额新对虾等种类。

（3）网笼捕虾　网笼收虾时应事先准备好适宜的网笼。网笼呈镂空的圆柱状，主体以金属条制备圈型骨架，以网衣包裹而成（图 9 - 10），网衣孔径的大小要视所收获对虾的具体规格而定，一般为 3～4 厘米。通常将网笼安置在距离养殖池堤岸 3 米左

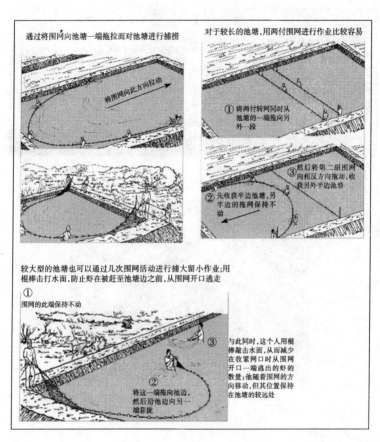

图9-9　拉网捕虾示意图

右处（图9-11），开口与堤岸相对，开口处另设一道网片。待对虾沿池边游泳时进入网笼内，大规格的成品对虾由于网衣阻隔留于笼内，小规格对虾则可顺利通过网孔游回池塘。采用网笼捕捞一般在晚上装笼，清晨起捕（图9-12），但具体的收获时间、网笼数目需根据计划捕获的对虾数量而定。捕获前应停止投饵，以造成对虾沿池游动方利于收获，待对虾收获后再立即投喂饲料。

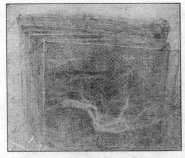

图 9-10 网笼 　　　　　　　图 9-11 下网捕虾

图 9-12 收网

3. 运输

（1）活虾的运输

①活虾的运输方式：为保证收获成品对虾的鲜活度，进行活虾运输时有较高的技术要求。通常采用的活虾运输方法有充氧水运输、保湿无水运输和活水舱运输。但目前还是主要采用前两种。

充氧水运输：通过使用充气机、水泵喷淋和直接充入氧气等方法，使敞开或封闭式的运虾装载容器的水体增加溶氧量，从而实现运输活虾的目的。

保湿无水运输：采用保湿材料盖住虾体，使虾体表面保持潮湿的环境条件，从而实现无水运输活虾的目的。

活水舱运输：在运输船的水线下设置装运虾的水舱，并在水舱的上、中、下层均匀开有与外界水相通的孔道，在航行时从前方小孔进水，后面出水，使水舱内保持水质清新与稳定，从而实现运输活虾的目的。

②活虾运输（图9-13）：待运的活虾应选择规格均匀、体表清洁、体质健壮、附肢齐全、无伤病和活力好的同一品种对虾，其品质应符合 GB 2733 的规定。

图9-13 活虾运输

活虾在装运前需停止投饵，但不应超过 3 天。有的企业为确保对虾能适应运输条件，还要求养殖者事先采用网箱、小水池暂养，密度视不同的品种而定，一般每立方米水体为 20～40 千克。暂养过程中应注意水温、盐度、溶氧和 pH 等水质变化，以及对虾的体质和暂养密度情况，并剔除体质较弱的个体。

装运过程中应注意保证装运对虾的清洁、卫生，因此首先应注意用水、用冰的卫生。淡水应符合 NY 5051 的规定。海水应符合 NY 5052 的规定。用冰应符合 SC/T 9001 的规定。对于海水养殖对虾。还应该加入与对虾原生地水体盐度相同的海水，采用加冰降温。则应按所加冰块重量加入相应的海水晶，使盐度保持稳定。其次，装运容器、工具也应保持洁净、无污染、无异味，在装运前应进行灭菌消毒，禁止带入有污染或潜在污染的化学药品。在运输过程中应保证水质稳定，保持合适的温度，每小时的温度变化梯度应小于5℃。

起运前宜采用缓慢降温方法对待运活虾进行降温，温度宜控制在15~18℃。应避免在对虾大量蜕壳期间装运。为保证低温运输，运输时应采用保温车运输，调节温度至对虾的休眠温度。若无控温设备，温度高时可用冰袋降温。

③冰鲜虾的运输：冰鲜虾的运输相对活虾运输简便。成品对虾起捕后，迅速置于冰水中冰镇1~2分钟，然后放入装有碎冰的泡沫箱中，用保温车进行运输。在整个操作过程中，应注意用水、用冰的卫生，其中，淡水应符合NY 5051的规定，海水应符合NY 5052的规定，用冰应符合SC/T 9001的规定。

4. 上市 由于对虾养殖受气候、市场等因素影响较大，当对虾养殖到上市规格，应及时了解市场信息，注意规避风险，根据市场价格选择合适的时机出售对虾，以获得理想的经济效益。可采用一次性收获，在有条件的地方也可采取分批收获、捕大留小的方法，增加经济效益。在收获前需对养殖对虾进行抽样检测，以保障成品对虾的品质和质量安全，同时制作产品标签（应包括养殖单位、地址、养殖证编号、产品种类、产品规格、养殖池号、对虾转移情况、出池日期），得以追踪溯源。

□□□□□□□□□□□□□□□□

附录1　水产养殖质量安全管理规定
（中华人民共和国农业部令第 31 号）

第一章　总　　则

第一条　为提高养殖水产品质量安全水平，保护渔业生态环境，促进水产养殖业的健康发展，根据《中华人民共和国渔业法》等法律、行政法规，制定本规定。

第二条　在中华人民共和国境内从事水产养殖的单位和个人，应当遵守本规定。

第三条　农业部主管全国水产养殖质量安全管理工作。

县级以上地方各级人民政府渔业行政主管部门主管本行政区域内水产养殖质量安全管理工作。

第四条　国家鼓励水产养殖单位和个人发展健康养殖，减少水产养殖病害发生；控制养殖用药，保证养殖水产品质量安全；推广生态养殖，保护养殖环境。

国家鼓励水产养殖单位和个人依照有关规定申请无公害农产品认证。

第二章　养殖用水

第五条　水产养殖用水应当符合农业部《无公害食品海水养殖用水水质》（NY5052—2001）或《无公害食品淡水养殖用水水质》（NY5051—2001）等标准，禁止将不符合水质标准的水源用于水产养殖。

第六条 水产养殖单位和个人应当定期监测养殖用水水质。

养殖用水水源受到污染时，应当立即停止使用；确需使用的，应当经过净化处理达到养殖用水水质标准。

养殖水体水质不符合养殖用水水质标准时，应当立即采取措施进行处理。经处理后仍达不到要求的，应当停止养殖活动，并向当地渔业行政主管部门报告，其养殖水产品按本规定第十三条处理。

第七条 养殖场或池塘的进排水系统应当分开。水产养殖废水排放应当达到国家规定的排放标准。

第三章 养殖生产

第八条 县级以上地方各级人民政府渔业行政主管部门应当根据水产养殖规划要求，合理确定用于水产养殖的水域和滩涂，同时根据水域滩涂环境状况划分养殖功能区，合理安排养殖生产布局，科学确定养殖规模、养殖方式。

第九条 使用水域、滩涂从事水产养殖的单位和个人应当按有关规定申领养殖证，并按核准的区域、规模从事养殖生产。

第十条 水产养殖生产应当符合国家有关养殖技术规范操作要求。水产养殖单位和个人应当配置与养殖水体和生产能力相适应的水处理设施和相应的水质、水生生物检测等基础性仪器设备。

水产养殖使用的苗种应当符合国家或地方质量标准。

第十一条 水产养殖专业技术人员应当逐步按国家有关就业准入要求，经过职业技能培训并获得职业资格证书后，方能上岗。

第十二条 水产养殖单位和个人应当填写《水产养殖生产记录》（格式见附件1），记载养殖种类、苗种来源及生长情况、饲料来源及投喂情况、水质变化等内容。《水产养殖生产记录》应当保存至该批水产品全部销售后 2 年以上。

第十三条　销售的养殖水产品应当符合国家或地方的有关标准。不符合标准的产品应当进行净化处理，净化处理后仍不符合标准的产品禁止销售。

第十四条　水产养殖单位销售自养水产品应当附具《产品标签》（格式见附件 2），注明单位名称、地址，产品种类、规格，出池日期等。

第四章　渔用饲料和水产养殖用药

第十五条　使用渔用饲料应当符合《饲料和饲料添加剂管理条例》和农业部《无公害食品渔用饲料安全限量》（NY5072—2002）。鼓励使用配合饲料。限制直接投喂冰鲜（冻）饵料，防止残饵污染水质。

禁止使用无产品质量标准、无质量检验合格证、无生产许可证和产品批准文号的饲料、饲料添加剂。禁止使用变质和过期饲料。

第十六条　使用水产养殖用药应当符合《兽药管理条例》和农业部《无公害食品渔药使用准则》（NY5071—2002）。使用药物的养殖水产品在休药期内不得用于人类食品消费。

禁止使用假、劣兽药及农业部规定禁止使用的药品、其他化合物和生物制剂。原料药不得直接用于水产养殖。

第十七条　水产养殖单位和个人应当按照水产养殖用药使用说明书的要求或在水生生物病害防治员的指导下科学用药。

水生生物病害防治员应当按照有关就业准入的要求，经过职业技能培训并获得职业资格证书后，方能上岗。

第十八条　水产养殖单位和个人应当填写《水产养殖用药记录》（格式见附件 3），记载病害发生情况，主要症状，用药名称、时间、用量等内容。《水产养殖用药记录》应当保存至该批水产品全部销售后 2 年以上。

第十九条 各级渔业行政主管部门和技术推广机构应当加强水产养殖用药安全使用的宣传、培训和技术指导工作。

第二十条 农业部负责制定全国养殖水产品药物残留监控计划，并组织实施。

县级以上地方各级人民政府渔业行政主管部门负责本行政区域内养殖水产品药物残留的监控工作。

第二十一条 水产养殖单位和个人应当接受县级以上人民政府渔业行政主管部门组织的养殖水产品药物残留抽样检测。

第五章　附　则

第二十二条 本规定用语定义：

健康养殖　指通过采用投放无疫病苗种、投喂全价饲料及人为控制养殖环境条件等技术措施，使养殖生物保持最适宜生长和发育的状态，实现减少养殖病害发生、提高产品质量的一种养殖方式。

生态养殖　指根据不同养殖生物间的共生互补原理，利用自然界物质循环系统，在一定的养殖空间和区域内，通过相应的技术和管理措施，使不同生物在同一环境中共同生长，实现保持生态平衡、提高养殖效益的一种养殖方式。

第二十三条 违反本规定的，依照《中华人民共和国渔业法》、《兽药管理条例》和《饲料和饲料添加剂管理条例》等法律法规进行处罚。

第二十四条 本规定由农业部负责解释。

第二十五条 本规定自 2003 年 9 月 1 日起施行。

附件 1：水产养殖生产记录（略）

附件 2：产品标签（略）

附件 3：水产养殖用药记录（略）

附录 2 对虾养殖质量安全管理技术规程
（SC/T 0005—2007）

1 范围

本标准规定了对虾良好操作和对虾养殖质量安全管理体系的要求。

本标准适用于对虾养殖生产单位建立和实施对虾养殖质量安全管理体系，也适用于评定对虾生产单位的质量安全保证能力。

2 规范性引用文件

下列文件的条款通过本标准的引用而成为本标准的条款。凡是注日期有引用文件，其随后所有的修改单（不包勘误的内容）或修订版均不适用于本标准，然而，鼓励本标准达成协议的各方研究是否可以使用这些文件的最新版本。凡是不注明日期的引用文件，其最新版本适用于本标准。

GB/T 18407.4　农产品安全质量　无公害水产品产地环境要求

NY 5051　无公害食品　淡水养殖用水水质

NY 5052　无公害食品　海水养殖用水水质

NY 5058　无公害食品　海水虾

NY 5071—2002　无公害食品　渔用药物使用准则

NY 5072—2002　无公害食品　渔用配合饲料安全限量

NY 5158　无公害食品　淡水虾

SC/T 0004—2002　水产养殖质量安全管理规范

SC/T 2002　对虾配合饲料

SC/T 9101　淡水池塘养殖水排放标准

SC/T 9102　海水池塘养殖水排放标准

中华人民共和国国务院令第 266 号 饲料和饲料添加剂管理条例

3 对虾养殖良好操作规范

3.1 总则

对虾养殖生产应符合 SC/T 0004 第 4 章的要求，对养殖过程进行危害分析，提出其潜在危害、潜在缺陷和技术指南。

3.2 养殖过程危害与质量缺陷分析指南及控制技术指南

3.2.1 场址选择

a）潜在危害：土壤中重金属富集和农药残留；水源重金属或化学污染、致病微生物。

b）潜在缺陷：水源及水源中水生生物携带致病菌及其所产生的生物毒素。

c）技术指南：

1）场址应符合 GB 18407.4 的要求。

2）水源水质应符合 NY 5051 或 NY 5052 的要求。

3）调查场址所在地以往和目前的工农业生产情况，以评估可能存在的污染因素。必要时对土壤中可能存在的污染（如重金属、农药残留等）进行检测，如检测结果表明此地不适宜对虾养殖，则应另选场址。

4）调查周围土地的溢流和排污情况，避免养殖水体受到污染。

5）因此养殖场应尽可能与居住区隔离，防止人、畜、禽粪便排入养殖池中。

3.2.2 养殖设施

a）潜在危害：油污污染。

b）潜在缺陷：微生物交叉污染，外来生物入侵。

c）技术指南：

1）定期检查和维护池塘养殖机械，避免出现漏油情况。

2）养虾池塘的进水和排水渠道应分开设置，避免进水和排水互相渗透或混合。

3）进水口应设过滤装置，可建造沙滤井或沙滤池，也可在进水口装置空 32 孔/cm～40 孔/cm（80 目～100 目）筛绢网，以避免非养殖动物的幼体及卵子进入养殖池塘。

4）应配置养殖废水处理设施。

3.2.3 前期准备

3.2.3.1 清污整池、消毒除害

a）潜在危害：清除非养殖动物和病原体所使用的农药、渔药、水质改良（消毒）所造成的化学污染；对人体有危害的病原微生物。

b）潜在缺陷：非养殖水生动物幼体及卵子；致对虾发病的微生物病原体等。

c）技术指南：

1）使用时，应对池塘底质进行检测，底质应符合 GB18407.4 的要求。

2）养殖开始之前，养殖池塘需进行整治，清除池中的污物、杂草，使用药物清除杂鱼及鱼卵、杂虾及虾卵、螺等非养殖水生动物，杀灭细菌、寄生虫、病毒等病原体。

3）药物的使用必须遵守本标准 3.3.4.5 条的规定。

4）若经过上一茬养殖，收获后必须清除淤积的有机质，水泥底、铺塑料薄膜的池塘用高压水泵冲洗干净；土池排干水充分曝晒，保持底质疏松通透，选用合适渔药进行消毒除害。

3.2.3.2 进水与水处理

a）潜在危害：随水体进入养殖环境的对人类有危害的微生物病原体（沙门氏菌、致泻大肠埃希氏菌、副溶血性弧菌等）。

b）潜在缺陷：非养殖水生动物幼体及卵子；导致对虾发病的病原微生物。

c）技术指南：

1）进水前需对水源进行检验，符合要求方可使用。

2）进水需经有效过滤以后才进入养殖池塘。

3）使用安全的水体消毒药物，消毒药物应符合 NY5071 第5章的规定。

3.2.3.3　营造良好养殖生态

a）潜在危险：寄生虫、微生物病原体和重金属。

b）潜在缺陷：优良单细胞藻类（绿藻、硅藻）繁殖不足。

c）技术指南：

1）合理地往养殖池塘中施放肥料和有益微生物制剂，调控各项理化、生物因子在良好状态之中。

2）使用的肥料必须有产品质量标准，且经省级以上肥料主管部门登记的产品，推荐使用水产养殖专用肥料。

3）自制发酵有机肥料应进行无害化处理。

4）肥料和微生物制剂的采购和使用应符合国务院第266号的规定。宜使用芽孢杆菌制剂、光合细菌、EM复合菌等微生物制剂。

5）根据养殖池塘营养状况，妥善使用有机或无机复合肥料。池底有机质含量少的池塘，宜施用有机无机复合肥料，池底有机质含量多的池塘，宜施用无机复合肥料。

6）根据单细胞藻类种群生理生态特点，合理配比各种营养元素。

3.2.4　养殖过程管理

3.2.4.1　苗种与放养

a）潜在危害：苗种带来的药物残留。

b）潜在缺陷：携带微生物病原体，虾苗质量差，水处理药物的残留，放养不当造成的不良反应。

c）技术指南：

1）采购的苗种应具备种苗生产许可证的苗种生产单位，符合相应的苗种质量标准，并检疫合格。

2）虾苗放养密度应以养殖技术、对虾品种和规格、养殖池塘容量、预期的收获规格以及预期的收获规格为基础，确定适当的放苗密度。

3）苗期和放苗方式与时间均需适合每个池塘的养殖条件和养殖容量。

3.2.4.2 养殖生态调控

a）潜在危害：寄生虫、微生物病原体和化学物质（重金属）。

b）潜在缺陷：微生物病原体、富营养化、微生态系统被破坏。

c）技术指南：

1）妥善使用肥料和有益微生物制剂培养优良浮游微藻和有益微生物。

2）养殖过程定期或不定期使用芽孢杆菌制剂、光合细菌和EM复合菌等微生物制剂，及时降解、转化养殖代谢产物，削减或消除对虾养殖生产的自身污染。

3）养殖中、后期不宜使用大量元素肥料和有机肥料，以免加重池塘环境负荷。

4）视养殖阶段特点、生态环境变化状况，妥善采用生物、化学、物理手段调节水质，使水质环境保持良好与稳定。

5）精养、半精养池塘应装置增养设备，防止因密度过高、天气变化等引起水体缺氧和分层现象，采取相应措施防止因引起水体缺氧和分层现象。

6）购买和使用的微生物产品应有产品质量标准，具有微生物饲料添加剂生产许可证和产品批准文号。

7）购买和使用的肥料应有产品质量标准。

8）购买和使用的水质调节剂应有产品质量标准和其他规范手续。

9）微生物产品贮藏和运输条件应符合标签说明。

3.2.4.3 养殖用水管理

a) 潜在危害：化学污染、微生物病原体。

b) 潜在缺陷：无。

c) 技术指南：

1) 采用封闭与半封闭控水措施；养殖前期以适当加水为主，养殖中后期视生态环境变化少量换水，避免水环境激烈变动。

2) 养殖过程用水应符合 NY 5051 或 NY 5052 的规定。

3) 养殖排放水应用符合 SC/T 9101 或 SC/T 9103 的规定。

3.2.4.4 饲料的管理

a) 潜在危害：化学污染（重金属和药物残留）。

b) 潜在缺陷：变质饲料、营养不全的饲料。

c) 技术指南：

1) 饲料的选购、使用和贮存应符合国务院第 266 号令、SC/T 004 和 SC/T 2002 的规定。

2) 选购的配合饲料应符合 NY5072 的要求，具备生产许可证或进口登记证的生产单位并有产品质量检验合格证及产品批准文号，不应购买停用、禁用、淘汰或标签内容不符合相关法规规定的产品和未经批准的进口产品。

3) 选购的饲料添加剂应具有生产许可证、产品批准文号或进口登记许可证和检验合格证。

4) 宜使用配合饲料，限制直接投喂冰鲜（冻）饵料，防止残饵污染水质，配合饲料应符合 SC/2 2002 的要求。

5) 饲料和新鲜原料应在其保持期内购买、周转和使用。

6) 根据养殖对虾的生理生态特性和养殖密度、池塘条件，合理投喂饲料。

7) 设置饲料观测网（台）了解对虾摄食情况，避免因饲料不足或营养不良导致对虾生长不良，或因过度投喂饲料加重养殖环境污染。

3.2.4.5　渔药的管理

a）潜在危害：药物残留。

b）潜在缺陷：造成对虾应激，水质突变。

c）技术指南：

1）在采购和使用渔药时，应建立适当的管理机制以保证渔药的科学合理使用。

2）渔药应在其保质期内购买、周转和使用。

3）渔药的使用应符合 SC/T 0004 和 NY 5071 的规定执行。

4）渔药和其他化学剂及生物制剂应在专业技术人员的指导下，由经过培训的专人负责，并严格按照处方或产品说明书使用。

5）根据不同产品的贮存要求提供适宜的贮存条件，设专门人员进行保管，避免无关人员接触，并保存进出库记录。

3.2.5　收获和运输

a）潜在危害：药物残留。

b）潜在缺陷：机械损伤、对虾应激反应。

c）技术指南：

1）收获前，应确保所有产品满足了足够的停喂时间和休药期要求。

2）应于收获前按照 NY5058 或 NY5158 进行产品检测，检测结果不符合要求的产品应采取隔离、净化或延长休药期等措施，产品检测结果符合要求后方可收获和销售。

3）企业应保持收获用具、盛装用具、净化和水过滤系统、运输工具等与养殖产品接触表面的清洁和卫生。

4）宜选择适宜的气候和时间进行收获作业；防止养殖生物受伤。

5）捕捞作业应尽量减少虾类的应激反应和机械损伤。

6）防止虾体应激过度暴露于高温下。

7）运输过程中使用的保鲜剂应符合国家相关规定。

3.3　管理文件及记录要求

对虾生产单位应根据本标准3.2中要求制定养殖生产和管理中的作业指导文件，并保存相关记录，记录文件内容，按 SC/T 0004 附录 A 的要求执行。

4　对虾养殖质量安全管理体系

对虾养殖质量安全管理体系应符合 SC/T 0004 中第 5 章的要求。

参 考 文 献

曹煜成，李卓佳，冯娟，等.2005.地衣芽孢杆菌胞外产物消化活性的研究.热带海洋学报，24（6）：6-11.

曹煜成，李卓佳，贾晓平，等.2006.对虾工厂化养殖的系统结构.南方水产，2（3）：72-76.

曹煜成，李卓佳，林小涛，等.2010.地衣芽孢杆菌 De 株对凡纳滨对虾粪便的降解效果.热带海洋学报，29（4）：125-131.

陈昌福，姚娟，陈萱，等.2004.免疫多糖对南美白对虾免疫相关酶的激活作用.华中农业大学学报，23（5）：551-554.

陈佳荣.1998.水化学.北京：中国农业出版社.

陈楠生，李新正，译.1992.对虾生物学.青岛：青岛海洋大学出版社.

陈文，李色东，何建国.2006.对虾养殖质量安全管理与实践.北京：中国农业出版社.

陈晓艳，李贵生.2005.对虾病毒研究现状.生态科学，24（2）：162-167.

郭文婷，李健.2005.中草药制剂对凡纳滨对虾生长及血淋巴中免疫因子的影响.饲料工业，26（6）：6-9.

郭志勋，陈毕生，徐力文，等.2003.饲料铜的添加量对南美白对虾生长、血液免疫因子及组织铜的影响.中国水产科学，10（6）：526-528.

何南海.对虾免疫功能指标的建立及其应用.2004.厦门大学学报（自然科学版），43（3）：385-388.

何欣.2003.动物营养与饲料.北京：中央广播电视大学出版社.

黄朝禧.2005.水产养殖工程学.北京：中国农业出版社.

黄凯，王武，李春华.2003.南美白对虾必需氨基酸的需要量.水产学报，27（5）：456-461.

黄凯，王武，卢洁.2003.南美白对虾幼虾饲料蛋白质的需要量.中国水产科学，10（4）：318-324.

蒋翰鹏，付饶．2008．海藻糖对南美白对虾免疫活性物的影响．河北渔业，10：18‐20．

冷加华，杨铿，杨莺莺，等．2008．对虾养殖过程中常见不良水色处理措施．中国水产，9：50‐51．

雷质文，黄健，杨冰，等．2001．感染白斑综合征病毒（WSSV）对虾相关免疫因子的研究．中国水产科学，8（4）：46‐51．

李爱杰．2002．水产动物营养与饲料学．北京：中国农业出版社．

李德尚．1993．水产养殖手册．北京：中国农业出版社．

李广丽，朱春华，周歧存．2001．不同蛋白质水平的饲料对凡纳滨对虾生长的影响．海洋科学，25（4）：1‐4．

李生，黄德平．2003．对虾健康养成使用技术．北京：海洋出版社．

李奕雯．2009．对虾高位池生态环境与三种微藻氮、磷营养生态学研究．湛江：广东海洋大学．

李奕雯，曹煜成，李卓佳，等．2008．养殖水体环境与对虾白斑综合征关系的研究进展．海洋科学进展，26（4）：532‐538．

李卓佳．2009．华南对虾养殖模式与清洁健康养殖关键技术（一）．科学养鱼，9：12‐13．

李卓佳．2009．华南对虾养殖模式与清洁健康养殖关键技术（二）．科学养鱼，10：12‐13．

李卓佳．2009．华南对虾养殖模式与清洁健康养殖关键技术（三）．科学养鱼，11：12‐13．

李卓佳．2009．华南对虾养殖模式与清洁健康养殖关键技术（四）．科学养鱼，12：12‐13．

李卓佳，曹煜成，杨莺莺，等．2005．水产动物微生态制剂作用机理的研究进展．湛江海洋大学学报，25（4）：99‐102．

李卓佳，曹煜成，文国樑，等．2005．集约式养殖凡纳滨对虾体长与体重的关系．热带海洋学报，24（6）：67‐71．

李卓佳，陈永青，杨莺莺，等．2006．广东对虾养殖环境污染及防控对策．广东农业科学，6：68‐71．

李卓佳，陈永青，文国樑，等．2005．大规格优质成品对虾养殖技术．渔业现代化．（1）：7‐10．

李卓佳，贾晓平，杨莺莺，等．2007．微生物技术与对虾健康养殖．北京：

海洋出版社.

李卓佳, 冷加华, 杨铿. 2010. 轻轻松松学养对虾. 北京: 中国农业出版社.

李卓佳, 郭志勋, 冯娟, 等. 2006. 应用芽孢杆菌调控虾池微生态的初步研究. 海洋科学, 30 (11): 28-31.

李卓佳, 郭志勋, 张汉华, 等. 2003. 斑节对虾养殖池塘藻－菌关系初探. 中国水产科学, 10 (3): 262-264.

李卓佳, 李奕雯, 曹煜成, 等. 2009. 对虾养殖环境中浮游微藻、细菌及水质的关系. 广东海洋大学学报, 29 (4): 95-98.

李卓佳, 杨莺莺, 陈康德, 等. 2003. 几株芽孢杆菌几株有益芽孢杆菌对温度、制粒工艺及 pH 值的耐受性. 湛江海洋大学学报, 23 (6): 16-20.

李卓佳, 文国樑, 陈永青, 等. 2004. 正确使用养殖环境调节剂营造良好对虾养殖生态环境. 科学养鱼, 3: 1-2.

李卓佳, 张汉华, 郭志勋, 等. 2005. 大规格对虾养殖生产流程. 海洋与渔业, 10: 10-12.

李卓佳, 张汉华, 郭志勋, 等. 2005. 虾池浮游微藻的种类组成、数量和多样性变动. 湛江海洋大学学报, 25 (3): 33-38.

李卓佳, 张庆, 陈康德, 等. 2000. 应用微生物健康养殖斑节对虾的研究. 中山大学学报(自然科学版), 39 (z1): 229-232.

李卓佳, 杨铿, 冷加华, 等. 2008. 水产养殖池塘的主要环境因子及相关调控技术. 海洋与渔业, 8: 29-30.

李卓佳, 杨铿, 冷加华, 等. 2008. 对虾健康养殖水处理技术问答. 中国水产, 9: 52.

李卓佳, 张庆, 陈康德. 1998. 有益微生物改善养殖生态研究 I 复合微生物分解底泥及对鱼类的促生长效应. 湛江海洋大学学报, 18 (1): 5-8.

林文辉, 译. 2004. 池塘养殖水质. 广州: 广东科技出版社.

刘洪军, 王颖, 李邵彬, 等. 2006. 海水虾类健康养殖技术. 青岛: 中国海洋大学出版社.

刘立鹤, 郑石轩, 郑献昌, 等. 2003. 南美白对虾最适蛋白需要量及饲料蛋白水平对体组分的影响. 水利渔业, 23 (2): 11-13.

刘松青, 林小涛, 李卓佳, 等. 2006. 摄食对凡纳对虾耗氧率和氮、磷排泄率的影响. 热带海洋学报, 25 (2): 44-48.

麦贤杰，黄伟健，叶富良，等．2009．对虾健康养殖学．北京：海洋出版社．

牛津．2009．凡纳滨对虾仔虾对主要营养素的营养需求及其营养生理研究．广州：中山大学．

彭昌迪，郑建民．2002．南美白对虾的胚胎发育以及温度与盐度对胚胎发育的影响．上海水产大学学报，11（4）：310-316．

彭聪聪，李卓佳，曹煜成，等．2010．虾池浮游微藻与养殖水环境调控的研究概况．南方水产，6（5）：74-80．

申玉春，熊邦喜，叶富良，等．2004．南美白对虾高位池浮游生物和初级生产力的研究．水利渔业，24（3）：7-10．

沈文英，阳会军，柯慧芬，等．2007．β-葡聚糖对凡纳滨对虾免疫相关酶活性的影响．水产科学，26（7）：381-383．

宋理平，宋晓亮．2005．虾类免疫系统及其免疫增强剂的研究．饲料工业，26（22）：48-55．

宋理平，张宇峰，闫大伟．2005．中草药作为免疫增强剂在水产动物上的应用．饲料工业，2005，26（6）：10-12．

宋盛宪，何建国，翁少萍．2001．斑节对虾养殖．北京：海洋出版社．

宋盛宪，郑石轩．2001．南美白对虾健康养殖．北京：海洋出版社．

魏克强，许梓荣．2004．对虾的免疫机制及其疾病预防策略的研究．中国兽药杂志，38（9）：25-29．

王吉桥，姜连新，张有清，等．2003．南美白对虾生物学研究与养殖．北京：海洋出版社．

王克行．1997．虾蟹类增养殖学．北京：中国农业出版社．

王清印．2004．海水设施养殖．北京：海洋出版社．

王秀英，邵庆均，黄磊．2003．对虾蛋白质、氨基酸和糖类需求量．中国饲料，17：19-22．

王少沛，曹煜成，李卓佳，等．2008．水生环境中细菌与微藻的相互关系及其实际应用．南方水产，4（1）：76-80．

文国樑，曹煜成，李卓佳，等．2006．芽孢杆菌合生素在集约化对虾养殖中的应用．海洋水产研究，27（1）：54-58．

文国樑，曹煜成，李卓佳，等．2007．广东汕尾1年3茬池塘凡纳滨对虾健康养殖技术．浙江海洋学院学报，26（2）：173-178．

文国樑，曹煜成，李卓佳，等.2007. 南方室外对虾工程化无公害养殖技术. 广东农业科学，9：77-79.

文国樑，李卓佳，曹煜成，等.2010. 南美白对虾高效健康养殖百问百答. 北京：中国农业出版社.

文国樑，李卓佳，曹煜成，等.2010. 凡纳滨对虾高位池越冬暖棚建造及养殖关键技术. 广东农业科学，12：143-145，152.

文国樑，李卓佳，陈永青，等.2006. 有益微生物在高密度养虾的应用研究. 水产科技，2：20-21.

文国樑，李卓佳，陈永青，等.2005. 提高集约化对虾养殖成功率的几个关键措施. 科学养鱼，10：29.

文国樑，李卓佳，林黑着，等.2007. 规格与盐度对凡纳滨对虾肌肉营养成分的影响. 南方水产，3（3）：31-34.

文国樑，李卓佳，李色东，等.2004. 粤西地区几种主要对虾养殖模式的分析. 齐鲁渔业，21（1）：8-9.

文国樑，李卓佳，郑国全，等.2005. 昆虫免疫蛋白在大规格优质成品对虾养殖中的应用. 淡水渔业，35（6）：34-36.

文国樑，李卓佳，杨铿，等.2008. 对虾越冬棚养殖中几个关键措施. 科学养鱼，11：37.

文国樑，杨铿，李卓佳，等.2008. 养殖对虾常见病害及应对措施. 海洋与渔业，10：28-29.

文国樑，于明超，李卓佳，等.2009. 饲料中添加芽孢杆菌和中草药制剂对凡纳滨对虾免疫功能的影响. 上海海洋大学学报，18（2）：181-184.

吴琴瑟.2007. 对虾健康养殖大全. 北京：中国农业出版社.

谢芝勋.2003. 对虾病毒研究进展. 动物医学进展，24（2）：27-30.

杨奇慧，周歧存.2005. 凡纳滨对虾营养需要研究进展（续）. 水生动物营养，7：50-53.

杨奇慧，周歧存.2005. 凡纳滨对虾营养需要研究进展. 水生动物营养，6：50-52.

杨铿，李卓佳，冷加华，等.2008. 对虾养殖中后期亚硝氮过高问题的处理与预防. 中国水产，8：53-55.

杨铿，杨莺莺，陈永青，等.2008. 对虾养殖过程中常见的优良水色和养护措施. 中国水产，9：51.

杨莺莺，李卓佳，陈永青，等．2005. 乳酸杆菌 L1 对致病弧菌的抑制作用．南方水产，1（1）：62‐65.

杨莺莺，李卓佳，林亮，等．2006. 人工饲料饲养的对虾肠道菌群和水体细菌区系的研究．热带海洋学报，25（3）：53‐56.

叶乐，林黑着，李卓佳，等．2005. 投喂频率对凡纳滨对虾生长和水质的影响．南方水产，1（4）：55‐58.

于明超，李卓佳，文国樑，等．2007. 芽孢杆菌在水产养殖中应用的研究进展．广东农业科学，2007（11）：78‐81.

张明，王雷，郭振宇，等．2004. 脂多糖和弧菌对中国对虾血清磷酸酶、超氧化物歧化酶和血蓝蛋白的影响．海洋科学，28（7）：22‐25.

张汉华，李卓佳，郭志勋，等．2005. 有益微生物对海水养虾池浮游生物生态特征的影响研究．南方水产，1（2）：7‐14.

张庆，李卓佳，陈康德，等．1999. 复合微生物对养殖水体生态因子的影响．上海水产大学学报，8（1）：43‐47.

张伟权．1990. 世界重要养殖品种——南美白对虾生物学简介．海洋科学，3：69‐73.

周歧存．2004. 维生素 C 对凡纳滨对虾生长及抗病力的影响．水生生物学报，28（6）：592‐598.

Akiyama D M, Coellho S P, Lawrence AL. 1989. Apparent digestibility of feed stuffs by the marine shimp *Penaeus vannamei*. Boone. Nippon Suisan Gakkaishi (55)：91‐98.

Anderson. 1992. Immunostimulangts, adjuvants, and vaccine carriers in fish：application to aquaculture. Fish Diseases (2)：281‐307.

Cousin, Marc, Cuzon, et al. 1996. Digestibility of starch in *Penaeus vannamei*：In vivo and in vitro study on eight samples of various origin. Aquaculture, 140：361‐372.

Coutteau P, Camara, M R. , Sorgeloos, P. 1996. The effect of different levels and sources of dietary phosphatidylcholine on the growth, survival, stress resistance and fatty acid composition of postlarval *Penaeus vannamei*. Aquaculture, 147：261‐273.

Cruz‐Suarez L E, Ricque‐Marie D, Pinal‐Mansilla J D, et al. 1994. Effect of different carbohydrate sources on the growth of *Penaeus van‐*

namei: economical impact. Aquaculture, 123 (3-4): 349-360.

Davis D A, Lawrence A L, Gathn D M. 1993. Dietary copper requirement of *Penaeus vannamei*. Nippon Suisan Gallaishi, 59: 117-122.

Davis D A, Lawrence A L, Gathn D M. 1993. Dietary zine requirement of *Penaeus vannamei* and the effects of phytic acid on zine and phosphorus. World Aquaclt Soc, 24: 40-47.

Davis D A, Lawrence A L, Gathn D M. 1993. Response of *Penaeus vannamei* to dietary calcum phosphorus and calcum phosphorus ratio. World Aquaclt Soc, 24: 504-515.

Davis D A, Lawrence A L, Minerals In D Abramo L R, Conklin D E. 1997. Akiyama DM Eds, Crustacean Nutrition. Vol 6 Advances in World Aquacult, 150-163.

Duerr, E O, Walsh W A. 1996. Evaluation of cholesterol additions to a soybean meal-based diet for juvenile Pacific white shrimp. *Penaeus vannamei* Boone in an outdoor growth trial. Aquacut Nutr, 2: 111-116.

Emery A E. 1987. The cholesterol and lecithin requirement of the marine shrimp, *Penaeus vannamei* Boone MS thesis. Texas A&M University, College Station, TX, 31.

Fox, T M. , Lawrence, A L. 1995. Li - Chan, E. Dietary requirement for lysine by juvenile *Penaeus vannamei* using intact and free amino acid sources. Aquaculture , 131: 279-290.

Fu Y W, Hou W Y, Yeh S T, et al. 2007. The immunostimulatory effects of hot - water extract of Gelidium amansii via immersion, injection and dietary administrations on white shrimp *Litopenaeus vannamei* and its resistance against Vibrio alginolyticus. Fish & Shellfish Immunology (22): 673-685.

Gong H, Lawrence A L, Jiang D H. Gatlin Ⅱ , D M. 2000. Lipid nutrition of juvenile *Litopenaeus vannamei*: Ⅰ. Dietary cholesterol and de - oiled soy lecithin requirements and their interaction. Aquaculture (190): 307-326.

Gullian Mariel, Thompson Fabiano, Rodriguez Jenny. 2004. Selection of probiotic bacteria and study of their immunostimulatory effect in *Penaeus vannamei*. Aquaculture, 233 (1-4): 1-14.

Heizhao Lin, Zhixun Guo, Yingying Yang, et al. 2004. Effect of dietary probiotics on apparent digestibility coefficients of nutrients of white shrimp, Litopenaeus vannamei Boone. Aquaculture Research, 35: 1441-1447.

Heizhao Lin, Zhuojia Li, Yongqing Chen, et al. 2006. Effect of dietary traditional Chinese medicines on apparent digestibility coefficients of nutrients for White Shrimp Litopenaeus vanname Boone. Aquculture, 253, 495-501.

Hose J E, Martin G G, Nguyen V A, et al. 1987. Cytochemical features of shrimp haemocytes. The Biological Bulletin, 173: 178-187.

Johansson M W, Keyser P, Sritunyalucksana K, et al. 2000. Crustacean haemocytes and haematopoiesis. Aquaculture, 191 (1-3): 45-52.

Jussila J, Jago J, Tsvetnenko E, et al. 1997. Total and differential haemocyte counts in western rock lobsters (*Panulirus cygnus* George) under postharvest stress. Marine and Freshwater Research, 48 (8): 863-867.

Li K, Zheng T L, Tian Y, Xi F, Yuan J J, Zhang G Z, Hong H S. 2007. Beneficial effects of Bacillus licheniformis on the intestinal microflora and immunity of the white shrimp, *Litopenaeus vannamei*. Biotechnology Letters, 29 (4): 525-530.

Ratanapo S, Chulavatnatol M. 1992. Monodin - induced agglutination of Vibrio vulnificus, a major infective bacterium in black tiger prawn (*Penaeus monodon*). Comparative Physiology and Biochemistry, 102 (4): 855-859.

Ratcliffe N A, Rowley A F, Fitzgerald S N, et al. 1997. Invertebrate immunity basic concepts and recent advances. International Review of Cytology, 97: 183-350.

Sawada H. 1977. Photosynthetic bacteria in waste treatment. Ferment technology, 55: 311-316.

Smith V J, Soderhall K. 1983. β - 1, 3 - glucan activation of crustacean hemocytes in vitro and in vivo. The Biological Bulletin, 164: 299-314.

Smith L L, Lee P G, Lawrence, A L, Strawn K. 1985. Growth and digestibility by three sizes of *Penaeus vannamei* Boone: effects of dietary protein level and protein source. Aquaculture, 46: 85 - 96.

Sogarrd H, Demark T S. 1990. Microbials for feed beyond lactic acid bacteria. Feed international, 11 (4): 32 - 38.

Sugita H, Hirose Y, Matsuo N, et al. 1998. Production of the antibacterial substance by *Bacillus* sp. Strain NM12, an intestinal bacterium of Japanese coastal fish. Aquaculture, 165: 269 - 280.

Sung H H, Yang Y L, Song Y L. 1996. Enhancement of microbicidalacity in the tiger-shrimp *P. monodon* via immunostimulation. Journal of Crustacean Biology, 16 (2): 278 - 284.

Thimmalapura N. D. , Fatimah M. Y. , Mohamed S. 2002. Changes in bacterial populations and shrimp production in ponds treated with commercial microbial products. Aquaculture, 206: 245 - 256.

Thompson, F. L. , Abreu, P. C. , Cavalli, R. 1999. The use of microorganisms as food source for Penaeus paulensis larvae. Aquaculture, 174: '139 -153.

Velasco M, Lawrence A L. 1998. Neill W H. Effects of dietary Phosphorus level and inorgance source on survival and growth of *Penaeus vannamei* postlarvae in zero - water exchange culture tanks. Aquatic Living Resources, 11 (1) : 29 - 33.

图书在版编目（CIP）数据

南美白对虾安全生产技术指南/文国樑，李卓佳主编．—北京：中国农业出版社，2012.1（2014.1重印）
（农产品安全生产技术丛书）
ISBN 978-7-109-16492-5

Ⅰ.①南…　Ⅱ.①文…②李…　Ⅲ.①对虾科—虾类养殖—指南　Ⅳ.①S968.22-62

中国版本图书馆 CIP 数据核字（2012）第 000689 号

中国农业出版社出版
（北京市朝阳区农展馆北路 2 号）
（邮政编码 100125）
责任编辑　林珠英　黄向阳

北京中兴印刷有限公司印刷　新华书店北京发行所发行
2012 年 4 月第 1 版　2014 年 1 月北京第 2 次印刷

开本：850mm×1168mm　1/32　印张：8
字数：215 千字　印数：5 001—9 000 册
定价：16.00 元
（凡本版图书出现印刷、装订错误，请向出版社发行部调换）